U0319020

中温碱性焙烧钾长石资源高附加值清洁利用

刘佳囡　林　鹏　徐君君　翟玉春　著

北　京

冶 金 工 业 出 版 社

2021

内 容 提 要

本书以钾长石为研究对象，提出中温碱性焙烧—净化除杂—碳酸化分解制备超细二氧化硅；硫酸化浸出渣—化学沉淀，得到高纯的氢氧化铝，提铝后的溶液结晶制备硫酸钾及硫化钠。本书针对焙烧过程中调控机制对钾长石微观结构的变化和有价组元的赋存状态的影响，阐明中温碱性焙烧规律和反应机理；并对超细二氧化硅、高纯氢氧化铝、硫酸钾及硫化钠制备方法、转化规律和调控机制进行了详细的讨论和阐述。

本书不仅为钾长石矿资源综合利用提供了新的方法和实验指导，而且对发展基于矿物冶金工艺中硅、铝的高附加值利用具有重要的指导意义，同时可作为高等院校相关专业的教学参考书。

图书在版编目 (CIP) 数据

中温碱性焙烧钾长石资源高附加值清洁利用 / 刘佳囡等著. —北京：冶金工业出版社，2021.1
 ISBN 978 - 7 - 5024 - 8718 - 8

Ⅰ. ①中… Ⅱ. ①刘… Ⅲ. ①焙烧—碱性长石—钾长石
Ⅳ. ①TF046.2

中国版本图书馆 CIP 数据核字 (2021) 第 019241 号

出 版 人　苏长永
地　　址　北京市东城区嵩祝院北巷 39 号　邮编　100009　电话　(010)64027926
网　　址　www.cnmip.com.cn　电子信箱　yjcbs@cnmip.com.cn
责任编辑　于昕蕾　美术编辑　郑小利　版式设计　禹　蕊
责任校对　卿文春　责任印制　李玉山
ISBN 978-7-5024-8718-8
冶金工业出版社出版发行；各地新华书店经销；三河市双峰印刷装订有限公司印刷
2021 年 1 月第 1 版，2021 年 1 月第 1 次印刷
169mm×239mm；9.25 印张；177 千字；133 页
56.00 元
冶金工业出版社　投稿电话　(010)64027932　投稿信箱　tougao@cnmip.com.cn
冶金工业出版社营销中心　电话　(010)64044283　传真　(010)64027893
冶金工业出版社天猫旗舰店　yjgycbs.tmall.com
(本书如有印装质量问题，本社营销中心负责退换)

前　言

钾是农作物生长必不可少的三大营养元素之一，对促进磷、氮吸收，增进茎秆、根系发育，作物增产，抵御虫害起着决定性作用。随着农业生产条件的不断改善，农作物产量的不断提高，钾肥需求量大幅上升，加之氮磷肥施用量的不断增加，土壤中的钾元素迅速减少，缺钾已成为制约农作物增产的主要因素。

目前自然界中可被利用的钾盐主要来源于可溶性的含钾盐类矿物堆积形成的水溶性钾盐矿床。全世界的钾盐储量丰富，但分布极不平衡。其中美国、德国、法国、俄罗斯、加拿大等少数几个国家拥有世界探明总量90%以上的可溶性钾矿储量。与世界钾盐市场供过于求的状况相比，大多数发展中国家和地区的钾盐极度匮乏，根本满足不了农业和国民经济发展的需要。我国水溶性钾矿资源贫乏，仅占世界总储量的0.63%，钾盐主要依赖进口。但非水溶性钾矿资源丰富，且种类繁多，如钾长石、霞石正长岩、富钾页岩、明矾石、伊利石、白榴石、富钾火山岩等几乎遍布全国各地，而且储量巨大。近年来，钾长石以储量大、品质优、分布广等优点引起了研究学者的广泛关注，被认为是最具开发利用价值的非水溶性钾矿资源之一，成为研究的热点和重点。

钾长石 $KAlSi_3O_8$，矿物成分为 K_2O（16.9%）、Al_2O_3（18.4%）、SiO_2（64.7%），属长石族矿物中的碱性长石系列的一种，是钾、钠、钙和少

量钡等碱金属或碱土金属组成的铝硅酸盐矿物，是地壳上分布最广泛的造岩矿物。我国钾长石资源丰富，储量约为 200 亿吨，广泛分布在新疆、四川、甘肃、青海、陕西、山东、山西、黑龙江、辽宁等 23 个省区。它的品质优，K_2O 含量均在 10% 以上，晶体纯净、粗大，易于开采。如能对其加以高效利用，将对解决我国钾肥短缺的现状具有巨大的潜在经济价值和社会效益。

　　钾长石是一种架状结构的硅酸盐。在晶体中，铝原子置换了一定数量的硅原子。为保持钾长石的电中性，当 Al^{3+} 取代 Si^{4+} 时，阳离子 K^+ 进入结构中并分布在大小不同的空隙或通道里，钾长石的铝和硅均与氧组成配位四面体，形成牢固的网络结构，化学性质极稳定，常温下除 HF 外不被任何酸或碱分解。高效利用钾长石矿资源的关键在于如何将其分解，使其中的非水溶性钾转变为水溶性钾化合物。

　　研究者们针对钾长石难于处理的特点，采用高温挥发法、熔盐离子交换法、水热分解法、高压水化法等方法处理钾长石，取得了一定的进展。但这些方法或多或少的存在生产成本高、处理工艺复杂、产品附加值低及对环境造成污染等问题。突出问题是钾长石矿中的含量较高的硅元素、主要组元铝元素没有得到高附加值的应用，造成资源的浪费。钾长石矿处理中的硅元素及铝元素再资源化产品链延伸可以构建行业和企业间的循环经济产业链，最大限度提高资源利用率和附加值，实现资源高效利用及突破经济性问题。

　　本书以钾长石为研究对象，提出了一种新的提钾方法，即采用中温碱性焙烧法处理，绿色综合化地利用矿石中的有价组元。并在减少生产成本、降低工艺复杂性、提高产品的附加值及减少环境污染等方面得到了改善，并构建了清洁高附加利用的新理论和新方法，找到了合理的助剂及优化调控机制，并系统深入地探索其物相变化及反应机理，确立了其科学原则。全书分为8章：第1章介绍了钾资源的概况、钾长石结构、性质以及研究背景及白炭黑、氧化铝等产品的基本性质、制备方法；第2章介绍了钾长石中温碱性焙烧法制备高附加值产物——超细二氧化硅、高纯氢氧化铝、硫酸钾及硫化钠的制备方法以及性能的表征；第3章介绍了钾长石中温碱性焙烧法提取二氧化硅的调控机制；第4章介绍了钾长石中温碱性焙烧法提取二氧化硅的反应机理；第5章介绍了超细二氧化硅及轻质硅酸钙的制备及产品的结构、性能表征；第6章介绍了铝产品的各制备步骤的调控机制及产品的结构、性能表征；第7章介绍了硫酸钾及硫化钠产品的各制备步骤的调控机制及产品的结构、性能表征；第8章总结了以上研究的实验结果。

本书的编写得到了渤海大学化学与材料工程学院的资助，也得到了国家自然基金（21607012）的资助，同时本书在编写过程中参考了大量的著作和文献资料，无法一一列出，在此一并表示感谢。并向工作在相关领域最前端的优秀科研人员致以最诚挚的谢意，感谢你们对资源综合利用的发展做出的巨大贡献。

由于知识水平及掌握的资料有限，本书中难免有不当之处，欢迎各位读者批评指正。

作　者

2020 年 8 月

目　录

1 绪 论

1.1 钾的性质及用途

钾是一种地壳中赋存丰富的碱金属元素。钾金属晶体中的金属键强度弱，固体密度为 0.86g/cm³，单质熔点为 63.25℃、沸点为 760℃，硬度小，金属性强，具有银白色金属光泽。由于其最外层只有 1 个电子，原子半径大且核电荷数少，故在自然界中以化合物的形式存在。

钾是农作物生长的三大营养元素之一[1]。在农作物体中主要存在于营养器官中，尤其是茎秆中。它能增进磷肥和氮肥的肥效，促进作物对磷、氮的吸收，还能促进农作物的根系发育。因此钾的存在对块根作物、谷物、蔬菜、水果以及油料作物的增产具有显著效果[2~6]。由于钾能够促进作物的茎秆发育，因而它可使作物茎秆粗壮，增强抗寒冷、抵御虫害的能力和抗倒伏性；它也能使农作物从土壤中吸取养分，并提高养料的合成和光合作用的强度，加快分蘖，提高果实质量[7,8]。钾盐在工业上的应用也十分广泛，主要用于制造玻璃、肥皂、建筑材料、清洗剂，也应用于电子信息、染色、纺织产业等领域[9~11]。

1.2 钾资源概况

1.2.1 钾资源特点及其分布

钾资源按其可溶性可分为水溶性钾盐矿物和非水溶性含钾铝硅酸盐矿物。水溶性钾盐矿物是指在自然界中由可溶性的含钾盐类矿物堆积形成的，可被利用的矿产资源。它包括含钾水体经过蒸发浓缩、沉积形成的水溶性固体钾盐矿床，如光卤石、钾石盐、含钾卤水等。含钾铝硅酸类岩石是非水溶性的含钾岩石或富钾岩石，如钾长石、明矾石等。表 1-1 为自然界中常见的含钾矿物资源[12~14]。世界上的钾盐主要来源于水溶性钾盐矿床中，可利用的资源主要有钾石盐、硫酸钾、光卤石、液态钾盐及混合钾盐 5 种类型。从经济利用的角度讲，钾石盐最为重要，K_2O 含量最高，其质量分数通常为 15%~20%。其次为液态钾盐，它主要是指晶间卤水和现代盐湖的表层卤水，其 K_2O 含量在 2%~3%。

全世界的钾盐储量丰富，但分布极不平衡。其中美国、德国、法国、俄罗斯、加拿大等国家和地区的钾盐不仅储量大，约占世界总储量的 95%，而且品质优。与世界钾盐市场供过于求的状况相比，大多数发展中国家和地区的钾盐匮乏，根本满足不了需求，目前亚洲、拉丁美洲等地使用的钾盐主要依赖进口[15~17]。我国钾矿贫乏，仅占世界总储量的 0.63%。

表 1-1 自然界中常见的含钾矿物

矿物名称	晶体化学式	K_2O 含量/%
钾石盐	KCl	63.1
光卤石	$KCl \cdot MgCl_2 \cdot 6H_2O$	17.0
钾盐镁矾	$MgSO_4 \cdot KCl \cdot 6H_2O$	18.9
碳酸芒硝	$KCl \cdot Na_2SO_4 \cdot Na_2CO_3$	3.0
明矾石	$K_2[Al(OH)_2]_6(SO_4)_4$	11.4
杂卤石	$K_2SO_4 \cdot MgSO_4 \cdot 2CaSO_4 \cdot 2H_2O$	15.5
无水钾镁矾	$K_2SO_4 \cdot 2MgSO_4$	22.6
钾镁矾	$K_2SO_4 \cdot MgSO_4 \cdot 4H_2O$	25.5
钾石膏	$K_2SO_4 \cdot CaSO_4 \cdot H_2O$	28.8
镁钾钙矾	$K_2SO_4 \cdot MgSO_4 \cdot 4CaSO_4 \cdot 2H_2O$	10.7
钾芒硝	$(K, Na)_2SO_4$	42.5
软钾镁矾	$K_2SO_4 \cdot MgSO_4 \cdot 6H_2O$	23.3
钾明矾	$K_2SO_4 \cdot Al_2(SO_4)_3 \cdot 24H_2O$	9.9
硝石	KNO_3	46.5
白榴石	$KAl(SiO_3)_2$	21.4
正长石	$KAlSi_3O_8$	16.8
微斜长石	$KAlSi_3O_8$	16.8
歪长石	$(Na, K)AlSi_3O_8$	2.4 ~ 12.0
白云母	$H_2KAl_3(SiO_4)_3$	11.8
黑云母	$(H, K)_2(Mg, Fe)_2Al_2(SiO_4)_3$	6.2 ~ 10.1
金云母	$(H, K, Mg, F)_3Mg_3Al(SiO_4)_3$	7.8 ~ 10.3
锂云母	$KLi[Al(OH, F)_2]Al(SiO_4)_3$	10.7 ~ 12.3
铁锂云母	$H_2K_4Li_4Fe_3Al_3F_8Si_{14}O_{12}$	10.6
矾云母	$H_8K(Mg, Fe)(Al, V)_4(SiO_3)_{12}$	7.6 ~ 10.8
海绿石	$KFeSi_2O_6 \cdot nH_2O$	2.3 ~ 8.5
矾砷铀矿	$K_2O \cdot 2U_2O_3 \cdot V_2O_5 \cdot 3H_2O$	10.3 ~ 11.2
霞石	$K_2Na_6Al_8Si_9O_{34}$	0.8 ~ 7.1

1.2.2　国内钾资源的特点及其分布

随着我国农业生产条件的不断改善，氮、磷肥施用量的日益增加，农作物产量的不断提高，土壤中的钾元素迅速减少，钾肥需求量大幅上升，在我国南方多地尤为明显。据中国农业科学院对我国土地情况的调查，我国土壤的缺钾现象从南方向北方扩展，缺钾面积逐年增加已占总耕地面积的56%，缺钾已成为制约农作物增产的主要因素[18~21]。据国家非金属矿产供需形势报告统计，钾盐是我国最为紧缺的两种非金属矿产之一。

我国水溶性钾盐资源匮乏，且分布不匀[22~26]。目前已探明的水溶性钾盐资源总量（折合 K_2O）约为 $4.1 \times 10^9 t$。95%以上分布在青海柴达木盆地，其余则分布于四川、山东、云南、甘肃和新疆等地区。近年来，我国在寻找可溶性钾盐矿床方面取得了重大突破，发现新疆罗布泊地区的罗北凹地有一特大型液体钾盐矿床，其控制面积在1300平方公里的范围内，KCl 的储量超过 2.5 亿吨[27]。但这依然远满足不了农业和国民经济不断发展的需要。

我国非水溶性钾矿资源丰富，且种类繁多，如钾长石、霞石正长岩、富钾页岩、明矾石、伊利石、白榴石、富钾火山岩等。这些钾矿资源几乎遍布全国各地，而且储量巨大[28~30]，如能除寻找和开发水溶性钾盐资源外，探索新的技术途径，对非水溶性钾矿资源加以有效利用，可在一定程度上弥补国内水溶性钾盐资源的不足。

1.3　钾长石资源概况

1.3.1　钾长石的基本性质

钾长石属于长石族矿物中碱性长石系列中的一种，是钾、钠、钙和少量钡等碱金属或碱土金属组成的铝硅酸盐矿物，是地壳上分布最广泛的造岩矿物[31]。钾长石的分子式为 $KAlSi_3O_8$，矿物成分为 K_2O（16.9%）、Al_2O_3（18.4%）、SiO_2（64.7%），莫氏硬度为6，密度为 $2.56g/cm^3$，由于矿物中含有如云母、石英等杂质，其熔化温度为1290℃[32~35]。

钾长石呈四面体的架状结构，根据架状硅酸盐结构的特点可知，在钾长石晶体结构中，硅氧四面体的每个顶角与其相邻的硅氧四面体的顶角相连，硅氧原子比例为1:2，此种结构呈电中性[36]。如果部分硅氧四面体中的四价硅离子被三价铝离子置换，出现了多余的负电荷，为了保持结构呈电中性，阳离子 K^+ 进入结构中，分布在结构中大小不同的通道或空隙里。由于钾长石的架状四面体结构，其化学性质极其稳定，常温常压下不与除氢氟酸外的任何酸碱反应[37~41]。

钾长石主要存在于伟晶岩、花岗闪长岩、花岗岩、正长岩、二长岩等岩石中。自然界中钾长石大多以正长石、透长石、斜长石 3 种同质多相变体形式存在，均为含钾的硅酸盐矿物。钾长石中常伴有较大含量的钠长石出现[42]。沉积岩中自生的钾长石最为纯净，Na_2O 含量不超过 0.3%。

1.3.2　钾长石资源的分布

钾长石在地壳中储量大，分布广，是许多含钾硅铝盐岩石的主要成分。我国钾长石资源丰富，约 200 亿吨，主要分布在新疆、四川、甘肃、青海、陕西、山东、山西、黑龙江、辽宁等 23 个省区。钾长石的品质优，氧化钾含量均在 10%以上，晶体纯净、粗大，易于开采。目前已有文献报道的钾长石矿源达 60 个，我国部分钾长石矿床的分布、类型和主要化学成分见表 1-2[43,44]。如果将此类钾矿资源高效规模化利用，将能解决我国钾肥短缺的现状。

表 1-2　我国部分钾长石矿床分布、类型和主要化学成分

矿床产地	矿床类型	主要化学成分及含量/%					
		K_2O	Na_2O	SiO_2	Fe_2O_3	Al_2O_3	MgO
辽宁兴城	伟晶岩	8.24~12.4	2.22~5.01		0.08~0.82		
湖南临湘	花岗伟晶岩	12~14	<3.0	64~66	0.1	18~20	
山西闻喜	伟晶岩	11~14	2~2.38	62~65	0.1~0.88	18~20	
山西盂县	伟晶岩	12.0	2.02	70.0			0.16
山西忻县	伟晶岩	12.76	2.39	64.94	0.15	18.7	
甘肃张家川	伟晶岩	10~12.5	1.85~2.04	64.77~67.79	0.17~0.21		
陕西商南	伟晶岩	10.54~12.4	2.49~3.65		0.11~0.18	19.36	
陕西临潼	长石石英矿	11.85	2.41	67.13	0.31	17.53	
四川旺苍	伟晶岩	11.0	3.33	65.6		18.69	
山东新泰	伟晶岩	12.49	3.12		0.27		
辽宁海城	长石石英矿	10.49	2.19	68.31			

1.3.3　钾长石的用途

钾长石广泛应用在陶瓷、玻璃、肥料等领域。

（1）钾长石在陶瓷釉料中的应用。钾长石可作为制备陶瓷釉料的主要原料，添加量可达 10%~35%，起到绝缘、隔音、过滤腐蚀性液体或气体、降低生产能耗的作用[45]。

（2）钾长石在陶瓷坯体中的应用。它可作为瘠性原料改善体系干燥，减少收缩变形。它也可作为助溶剂，促进石英和高岭土熔融，使物质互相扩散渗透进而加速莫来石的形成。它还能提高陶瓷的介电性能、机械强度和减少坯体空隙使

其致密[46]。

（3）钾长石在玻璃中的应用。由于钾长石中氧化铝含量高且易熔，故成为玻璃工业生产的原料。它的加入可以降低体系的熔融温度，减少能耗。还可以减少纯碱的用量，提高配料中铝的含量[47]，生成无晶体缺陷的玻璃制品。

（4）钾长石在钾肥中的应用。钾长石可作为提取碳酸钾、硫酸钾及其含钾化合物的原料，制备复合肥料，用于农业生产[48]。

1.4 钾长石处理技术概况

目前，钾长石的主要处理方法按提钾机理的不同，可分为离子交换法和硅铝氧架破坏法。离子交换法包括高温挥发法、熔盐离子交换法、水热法、高压水化法等。硅铝氧架破坏法包括高温烧结法、石灰石烧结法、纯碱-石灰石烧结法、石膏-石灰石烧结法、火碱烧结法、低温烧结法、复合酸解法等。

1.4.1 离子交换法

钾长石中阳离子 K^+ 充填于较大的环间空隙中起平衡电价的作用，可与半径较小的 Na^+、Ca^{2+} 等发生离子交换反应，而在基本不破坏钾长石原有架状结构的情况下置换出钾并生成钠长石、钙长石等尾渣，称为离子交换法。其交换方程可表示为

$$KAlSi_3O_8 + M^+ \Longrightarrow MAlSi_3O_8 + K^+ \tag{1-1}$$

$$2KAlSi_3O_8 + M^{2+} \Longrightarrow MAl_2Si_2O_8 + 2K^+ + 4SiO_2 \tag{1-2}$$

1.4.1.1 高温挥发法

水泥厂使用富钾岩石做原料，无需改变生产工艺条件，只要在原有设备基础上增加一套回收灰尘的装置，就可回收窑灰钾肥。窑灰钾肥的主要成分是碳酸钾、硫酸钾、氯化钾、铝硅酸钾盐和钙盐等，对其做常规的化工分离纯化处理，即可制得各种钾盐产品。

高温挥发法的主要缺点是：反应温度高达 1350~1450℃，能耗高，采用该法处理钾长石单纯提取钾盐，很难通过技术经济关。依据该方法的原理，在高温热处理生产其他产品时，以钾长石替代部分铝硅质原料，钾会以蒸汽形式逸出，经回收加以利用。这种不同工艺之间的整合，提高了资源利用率和经济效益，但受两者生产规模的相互牵制。由于钾挥发不完全，可能会降低产品的性能。

1.4.1.2 熔盐离子交换法

长石族矿物中的阳离子占据其框架结构中的大孔隙，以相对较弱的键与骨架结构相连，这些阳离子表现出一定的离子交换性。这种离子的交换性能，即是熔

盐离子交换法提钾的理论基础[49,50]。熔盐离子交换法中，熔盐的选择必须满足：（1）熔盐资源丰富，且廉价易得；（2）熔盐的熔点尽量低，熔融状态蒸汽压尽可能小；（3）熔盐的阳离子可通过离子交换置换出钾长石中的K^+，且越多越好。满足以上要求，且被广泛使用的熔盐有 NaCl、Na_2SO_4 和 $CaCl_2$。

NaCl 与钾长石熔融反应浸出钾是一个可逆反应，表达式如下：

$$NaCl + KAlSi_3O_8 \rightleftharpoons KCl + NaAlSi_3O_8 \qquad (1-3)$$

反应过程中固相的钾离子被钠离子代替之后进入溶液。随着反应深入进行，固相中的钾离子浓度逐渐降低，相应的钠离子浓度增加，直到最后形成动态平衡，此时钾的浸出率达到最大。熔融反应是在固液相界面发生的，过程中只有 NaCl 完全融化，浸出率才可达到更高。但若反应温度过高，部分 $KAlSi_3O_8$ 将发生焙烧反应，钾的浸出率降低。NaCl 与 $KAlSi_3O_8$ 质量比为 1∶1，适宜的反应温度为 890~950℃[51~53]。

当助剂 $CaCl_2$ 与 $KAlSi_3O_8$ 反应时，两个钾离子被钙离子替换，钾长石骨架脱去 4 个 SiO_2 以平衡电荷，生成钙斜长石和可溶性钾，整个钾长石的结构并未得到破坏。化学方程式如下：

$$CaCl_2 + 2KAlSi_3O_8 \Longrightarrow 2KCl + CaAl_2Si_2O_8 + 4SiO_2 \qquad (1-4)$$

以 $CaCl_2$ 为助剂处理钾长石，钾的浸出率可达到 90% 以上，但反应生成大量没有工业价值的残留废渣——钙斜长石[54,55]。

熔盐离子交换法处理钾长石，钾的浸出率受平衡常数控制，反应时间长，能耗大且浸出渣排放量大、利用困难[56]。

1.4.1.3 水热法

研究学者 Yamasaki 设计了一种在水热条件下以 $Ca(OH)_2$ 为助剂处理钾长石的方法，发生的反应如下：

$$15Ca(OH)_2 + 2KAlSi_3O_8 \Longrightarrow 3CaO \cdot Al_2O_3 + 6(2CaO \cdot SiO_2) + 2KOH + 14H_2O$$

$$(1-5)$$

实验中以 $Ca(OH)_2$ 为助剂在水热条件下分解钾长石制得可溶性钾化合物，提钾渣可用于制备保温材料、矿物聚合材料等。马鸿文课题组研究了减少助剂 $Ca(OH)_2$，钾长石在水热条件下分解合成雪硅钙石。雪硅钙石耐火度较高，可作为制备保温材料的原料。此方法的合成物较传统水热法得到的产物附加值高且用途广泛[57~60]。化学反应方程式为

$$13Ca(OH)_2 + 4KAlSi_3O_8 + H_2O \Longrightarrow$$

$$Ca_3Al_2(SiO_4)_2(OH)_4 + 2(Ca_5Si_5AlO_{16.5} \cdot 5H_2O) + 4K_2O \qquad (1-6)$$

水热分解工艺产品附加值高，符合清洁生产的要求。但水热法存在的主要问题是工艺流程复杂，体系中的液固比大，且滤液中的氧化钾的含量较低，后续制

备钾产品蒸发所需的能耗高，故其可行性不高[61~63]。

1.4.1.4 高压水化法

高压水化法俗称水热碱法，是20世纪50年代后期由苏联学者发明的。此法最初用于处理高硅铝土矿，以期望解决采用拜耳法产生的赤泥，造成矿物中的氧化铝和化工原料氧化钠浪费的问题。该法提出后世界各国均展开了各种各样的研究[64,65]。高压水化法处理钾长石是在高温、高碱浓度的循环母液中，添加一定量石灰的湿法反应。主要反应如下：

$$2KAlSi_3O_8 + 12Ca(OH)_2 === 2KAlO_2 + 6(2CaO \cdot SiO_2 \cdot 0.5H_2O) \quad (1-7)$$

高压水化法处理钾长石，在较低温度，较短时间，同时提取钾长石中的氧化钾和氧化铝。氧化钾的浸出率可达80%以上，可用于制备钾化合物；氧化铝的浸出率可达75%以上，可用于制备氧化铝或氢氧化铝产品。浸出渣的主要物相为水合硅酸钙（$Ca_2SiO_4 \cdot 0.5H_2O$），可作为制备水泥的原料，整个工艺的资源利用率高。但该方法工艺流程复杂，所需压力高，物料流量大，尾渣排放量占物料总量的90%以上。若尾渣只作为产品附加值低的水泥原料，经济效益低。

该法是一个具有应用前景的方法。因为利用此法（按其原理）几乎可以处理所有高硅原料，而且理论上有价成分不会在过程中损失。近几年来，随着高压管道技术的发展，高压水化法有望实现工业化。

1.4.2 硅铝氧架破坏法

离子交换法置换出钾长石中位于环间较大空隙的K^+，基本没有破坏掉其骨架结构而留下钠长石、钙长石等尾渣。如若在提钾同时破坏掉钾长石的架状架构，则有可能既达到提钾目的，同时又对铝、硅元素加以综合利用，如制造氧化铝、高附加值的无机硅化物等。

1.4.2.1 高温烧结法

钾长石与石灰石、磷石矿、白云石等原料一起，经"两磨一烧"，可制得含多种营养元素的复合钾肥。随着原料配比不同，可分别制备钙镁磷钾肥、钾钙镁肥、钾钙磷肥、钾钙肥、硅镁钾肥等。该制备技术工艺流程简单，生产设备与水泥工业相同。制得产品营养元素种类多且具有一定的缓释效果，肥料中营养元素利用效率高。但是该法反应温度高，能耗高，生产环境极差，而产品的总养分含量低，且长期使用必然破坏土壤的团粒结构，使土壤沙漠化。因此，在倡导建设资源节约型、环境友好型社会的今天，该方法的发展应受到严格控制。

1.4.2.2 石灰石烧结法

石灰石烧结法是由苏联在20世纪50年代提出的。用于解决由于铝土矿资源缺乏，而利用霞石正长岩生产氧化铝。此方法同时伴有碳酸钾、碳酸钠和硅酸盐水泥生成。其主要流程为霞石正长岩与石灰石粉混合混匀后，在1300℃时烧结。反应过程中生成β-硅酸二钙和碱金属铝酸盐。烧结后的熟料与氢氧化钠溶液反应，碱金属铝酸盐进入溶液，β-硅酸二钙则以固体的形式留在渣中。这个工艺实现了铝与硅的分离。溶液通过碳酸化得到氢氧化铝。再通过分离结晶制备碳酸钾和碳酸钠[66]。主要化学反应方程式如下：

$$KAlSi_3O_8 + 6CaCO_3 === KAlO_2 + 3Ca_2SiO_4 + 6CO_2 \uparrow \qquad (1-8)$$

$$2KAlO_2 + CO_2 + 3H_2O === 2Al(OH)_3 \downarrow + K_2CO_3 \qquad (1-9)$$

石灰石烧结法处理钾长石矿已经实现工业化应用，但该方法还存在烧结温度高、石灰石消耗量大、能耗高、污染严重、副产品水泥的经济附加值低等缺点。

1.4.2.3 纯碱-石灰石烧结法

高温下以石灰石和碳酸钠作为分解助剂可使钾长石分解。化学反应方程式为

$$KAlSi_3O_8 + Na_2CO_3 + 4CaCO_3 === 2Ca_2SiO_4 + Na_2SiO_3 + KAlO_2 + 5CO_2 \uparrow$$

$$(1-10)$$

钾长石中的钾和铝分别转化为可溶性的偏铝酸钾和硅酸钠，经碱液浸出分离得到的残渣可作为生产水泥的原料。在最佳反应温度1280~1330℃，氧化钾的平均挥发率为22%，但大多挥发的氧化钾可在烟道中冷凝回收[67~74]。此处理方法能耗高，氧化钾挥发严重，在实际操作中处理困难[75~79]。

1.4.2.4 石膏-石灰石烧结法

使用石灰石和石膏作为添加剂，化学反应方程式如下：

$$2KAlSi_3O_8 + 14CaCO_3 + CaSO_4 === K_2SO_4 + 6Ca_2SiO_4 + Ca_3Al_2O_6 + 14CO_2 \uparrow$$

$$(1-11)$$

在钾长石：石膏：碳酸钙质量比1:1:3.4，烧结温度1050℃，烧结时间2~3h的条件下，钾长石的分解率可达92.8%~93.6%。产物经浸出、过滤，得到的滤渣铝酸三钙和β-硅酸二钙可用于生产水泥[80]。滤液则用于制备硫酸钾。

若添加少量矿化剂如硫酸钠、氟化钠等，降低烧结温度100~200℃。但物料配比过高，将会导致资源消耗量大、能耗高且有大量废弃渣排出，污染环境等问题的出现[81,82]。若将石膏-石灰石烧结法与高效利用脱硫灰渣或低品位钾磷共生矿结合起来，资源利用率将显著提高，达到工业生产需求。

如王光龙等利用硫酸分解磷矿石后留下的石膏废渣，与石灰石、钾长石混合，在高温条件下烧结制备硫酸钾[83,84]。邱龙会等利用硫酸酸解磷钾共生矿后留下的残渣，添加石灰石、石膏混合焙烧制备硫酸钾[85]。石林等将钾长石与脱硫灰渣混合焙烧，制备钾钙复合肥[86,87]。

1.4.2.5 火碱烧结法

钾长石与氢氧化钠混合均匀，在500℃焙烧，化学反应方程式如下：

$$2KAlSi_3O_8 + 2NaOH = 2NaAlSiO_4 + 3SiO_2 + K_2SiO_3 + H_2O \quad (1-12)$$

烧结过程中，氢氧化钠破坏了钾长石的结构，使之转化为霞石结构。钾的浸出率随之上升。在两者质量比为1:1时，钾的浸出率可达到98.06%。火碱烧结法的不足之处在于产生大量的废渣，与氯化钙作助剂时相似。其主要固相产物霞石可与少量全铁反应生产硅酸盐玻璃和陶瓷。

1.4.2.6 低温烧结法

低温烧结法是通过添加助剂，在较低温度下分解钾长石。助剂的选择要满足以下条件：（1）助剂能破坏钾长石的结构；（2）选择熔点较低的助剂，使钾长石与液相助剂反应，达到改变反应条件、增加反应接触面积、提高反应率的目的；（3）选择阴离子电负性大且阳离子半径小于钾离子的助剂[88~90]。

钾长石可在(NH_4)$_2SO_4$、H_2SO_4、CaF_2存在的情况下在低温下焙烧分解，反应方程式如下：

$$2KAlSi_3O_8 + 13CaF_2 + 14H_2SO_4 =$$
$$K_2SO_4 + 13CaSO_4 + 6SiF_4\uparrow + Al_2O_3 + 2HF\uparrow + 13H_2O \quad (1-13)$$

低温焙烧分解$KAlSi_3O_8$，氟化物和硫酸盐起着重要作用。随着温度升至200℃，CaF_2和H_2SO_4的混合物的作用机理类似于HF对钾长石的分解作用。有F^-存在，200℃加入H_2SO_4也可以破坏钾长石的框架结构，并使钾离子浸到溶液中。通过这种方法可使钾长石在低温和低能耗的条件下反应分解，但助剂的使用量大且反应过程中会产生大量强腐蚀性和挥发性气体如HF、SO_3、NH_3，对设备、环境和操作者的健康造成伤害[91~94]，故低温焙烧法没有实现工业化。

1.4.2.7 复合酸解法

复合酸解法采用低温、常压分解钾长石，综合利用矿石中的氧化铝、氧化钾、二氧化硅等组分，分别制备具有高附加值的产品。

钾长石-氢氟酸-硫酸反应体系，在低温、常压下发生的反应如下：

$$2KAlSi_3O_8 + 4H_2SO_4 + 24HF = Al_2(SO_4)_3 + K_2SO_4 + 6SiF_4\uparrow + 16H_2O$$
$$(1-14)$$

该方法具有产品含钾高、能耗低、工艺流程简单等优点。但是由于氢氟酸具有毒性和强腐蚀性[95~98]，且反应过程产生有毒的SiF_4气体，污染环境，对设备要求高，且助剂用量大。

针对以上情况，研究者设计了一种对钾长石-氢氟酸-硫酸复合酸解法的改进方法，即利用萤石和硫酸替代氢氟酸[99~102]。该工艺的化学反应如下：

$$2KAlSi_3O_8 + 12CaF_2 + 13H_2SO_4 \Longrightarrow$$

$$K_2SO_4 + 12CaSO_4 + 6SiF_4\uparrow + Al_2O_3 + 13H_2O \qquad (1-15)$$

此法同样也产生有毒的 SiF_4 气体。

1.5 白炭黑产品的制备

1.5.1 白炭黑的性质

白炭黑，又称水合二氧化硅（$SiO_2 \cdot nH_2O$），因其外观呈白色，在橡胶中有类似于炭黑的补强性能而得名。主要是指气相二氧化硅、沉淀二氧化硅、气凝胶和超细二氧化硅凝胶[103~106]。白炭黑一次粒子直径为 10~1000nm 且为多孔性物质，由于 nH_2O 以表面羟基形式存在，易吸水而成为聚集体。白炭黑无味、无毒、质轻、密度小、熔点高、耐高温，能溶于氢氟酸和碱，不溶于水和酸。具有耐高温、粒径小、比表面积大、化学稳定性好、高吸附性、高分散性、绝缘等特点[107~110]。

1.5.2 白炭黑的制备方法

白炭黑的制备方法有多种，大致可分为物理法和化学法。利用物理法制备的白炭黑产品质量差，故此法没有得到广泛应用。化学法包括湿法沉淀法和干法沉淀法。湿法常分为沉淀法和溶胶-凝胶法，干法一般可分为电弧法和气相法。现对以上方法加以介绍。

1.5.2.1 沉淀法

传统的沉淀法又称硅酸钠酸化法，是利用无机酸与水玻璃反应生成沉淀，再通过过滤、洗涤、干燥等工序得到球形的、高分散的且疏松的二氧化硅粉体[111~113]。其化学反应方程式如下：

$$Na_2SiO_3 + 2H^+ \Longrightarrow SiO_2 + H_2O + 2Na^+ \qquad (1-16)$$

沉淀过程中溶液体系的 pH 值控制在 8~9。溶液的 pH 值在 5~7，易生成硅凝胶；溶液的 pH 值大于 10.5，二氧化硅粉体会解聚成硅酸根离子[114]。利用沉淀法制备白炭黑，产品成本低、生产工艺简单、制备的产品活性低，广泛应用于橡胶、塑料、染料、造纸等领域[115]。

1.5.2.2 溶胶-凝胶法

溶胶-凝胶法是利用无机盐或金属醇盐作为原料，通过沉淀或水解反应制备非金属氧化物或金属氧化物的均匀溶胶。再通过溶胶-凝胶转化过程，形成网络状无机或有机聚合物。凝胶化后，再经过陈化、干燥和热处理得到产物。该方法反应条件温和，易获得纯度高、活性大、分散性良好、比表面积大、悬浮性好的白炭黑粉体。但此方法存在处理流程繁琐的缺点。目前，常利用此方法制备二氧化硅气凝胶、微孔纳米二氧化硅以及二氧化硅同其他纳米颗粒的复合材料[116]。

1.5.2.3 气相法

气相法制备白炭黑是利用三氯一甲基硅烷或四氯化硅等硅的氯化物在氢氧焰中发生水解反应，生成颗粒状的二氧化硅。这些颗粒互相碰撞，形成有分支的、三维的、键状聚集体。当体系温度低于二氧化硅的熔点，颗粒则进一步碰撞，引起键的机械缠绕，生成附聚物[117,118]。其化学反应方程式如下.

$$SiCl_4 + 2H_2 + O_2 \Longrightarrow SiO_2 + 4HCl \tag{1-17}$$

$$CH_3SiCl_3 + 2H_2 + 3O_2 \Longrightarrow SiO_2 + CO_2 + 2H_2O + 3HCl \tag{1-18}$$

气相法制备的白炭黑洁净度高，粒径小（一次粒子为 7~20nm）、表面光滑、品质好，一般用于精细填料。但生产成本高、能耗高、流程长。

近年，发展出以硅藻土、蛋白土、蛇纹石、膨润土、高岭土、硅灰石、石英砂、海泡石、凹凸棒石、煤矸石等非金属矿为硅源制备白炭黑的生产方法[119~122]。这种技术的关键是将晶体的二氧化硅和硅酸盐转变成非晶态的二氧化硅，此法称离解法或非金属矿物法。

1.5.3 白炭黑的用途

白炭黑广泛应用于轮胎橡胶、胶鞋、食品、牙膏工业等领域[123~128]。在橡胶工业中，白炭黑是补强剂，它能大幅提高胶料的物理性能、减少胶料滞后、降低轮胎的滚动阻力，同时不损失其抗湿滑性。在塑料中添加白炭黑，可提高材料的强度、韧性，明显提高防水性和耐老化性。在油墨、油漆和涂料中，添加白炭黑能使制剂色泽鲜艳、增加透明感、打印清晰、漆膜坚固[129~131]。在农药工业中，白炭黑可作为防结块剂、分散剂，具有提高吸收和散布的能力。此外，白炭黑在超细复合粒子方面、造纸方面、饲料工业、化学工业等领域中也得到了广泛应用[132~134]。

1.6 氧化铝产品的制备

1.6.1 氧化铝的性质

氧化铝为六方晶型结构，白色粉末，分子式为 Al_2O_3，相对分子质量为 101.96。氧化铝为典型的两性氧化物，可溶于碱和酸，不溶于水。由于氧化铝的结晶形式不同, 在碱和酸溶液中的溶解速度和溶解度不同[135]。

氧化铝有如 α-Al_2O_3、β-Al_2O_3、γ-Al_2O_3、θ-Al_2O_3、χ-Al_2O_3、δ-Al_2O_3、η-Al_2O_3 等多种同素异形体。氧化铝常见稳定的结构为: α-Al_2O_3 和 γ-Al_2O_3。α-Al_2O_3 性质稳定, 密度为 3.9 ~ 4.0g/cm^3, 熔点为 2050℃, 沸点为 2900℃[136·139]。γ-Al_2O_3 是 $Al(OH)_3$ 经加热脱水获得的。

根据物理性质的不同, 氧化铝通常可分为面粉状、中间状和砂状氧化铝 3 种类型。面粉状氧化铝呈羽毛状或片状, 强度差, 表面粗糙, 颗粒较细, 比表面积小, 安息角较大, 具有较大的体积密度, α-Al_2O_3 含量高, 流动性差。砂状氧化铝呈球状, 粒径比较均匀, 吸附能力强, 强度高, 颗粒较粗, 比表面积大, 安息角略小, 具有较小的体积密度, α-Al_2O_3 含量较少, γ-Al_2O_3 含量较高, 流动性好。中间状氧化铝的物理性质介于面粉状氧化铝和砂状氧化铝之间[140~142]。表 1-3 为 3 种类型氧化铝的性质。

表 1-3　3 种类型氧化铝的性质

属　性	面粉状	中间状	砂状
<45μm 含量/%	20~50	10~20	<10
平均力度/μm	50	50~80	80~100
安息角/(°)	40	35~40	30~35
比表面积/$m^2 \cdot g^{-1}$	2~10	>35	>35
绝对密度/$g \cdot cm^{-3}$	>3.9	<3.7	<3.7
松密度/$g \cdot cm^{-3}$	≤0.75	>0.85	>0.85
灼烧/%	≤0.5	≤0.8	≤1.0
α-Al_2O_3 含量/%	>70	20~70	<20

1.6.2 氧化铝的制备方法

氧化铝的制备方法有多种, 大致可分为碱法、酸法、酸碱联合法、氨法和热法。

1.6.2.1 碱法

碱法生产氧化铝, 是用碱 (NaOH 或 Na_2CO_3) 来处理铝矿石, 使矿石中的氧化铝及其水合物和碱反应生成铝酸钠。纯净的铝酸钠溶液分解析出氢氧化铝, 经与母液分离、洗涤后进行煅烧, 得到氧化铝产品。分解母液可循环使用, 处理下一批矿石。矿石中的绝大部分的硅和钛、铁等杂质则成为不溶解的化合物, 将不溶解的化合物（由于含氧化铁而成红色，故称为赤泥）与溶液分离，经洗涤后综合利用以回收其中有价组分或弃去。

碱法生产氧化铝又可分为拜耳法、烧结法和拜耳-烧结联合法等多种方法。

（1）拜耳法。拜耳法是直接用含有大量游离 NaOH 的循环母液处理铝土矿，以溶出其中的氧化铝而获得铝酸钠溶液，并通过加晶种搅拌分解的方法，使溶液中氧化铝以 $Al(OH)_3$ 状态结晶析出。种分母液经蒸发后返回用于浸出另一批铝土矿。拜耳法得到的产品品质好、流程简单、能耗低、成本也低。但是，矿石中主要杂质 SiO_2 以水合铝硅酸钠（$Na_2O \cdot Al_2O_3 \cdot 1.7SiO_2 \cdot nH_2O$）形式进入赤泥，造成 Al_2O_3 和 Na_2O 的损失。因此，拜耳法适用于处理铝硅比 A/S 在 9 以上的高品位铝土矿[143~145]。

（2）烧结法。烧结法是将铝土矿配入含有 Na_2CO_3 的碳分循环母液和石灰（或石灰石）中，在高温下烧结得到含固体铝酸钠的熟料，用稀碱溶液溶解熟料得到铝酸钠溶液。经脱硅后的纯净铝酸钠溶液用碳酸化分解法（向溶液中通入二氧化碳气体）使溶液中的氧化铝呈 $Al(OH)_3$ 析出。碳分后的母液经蒸发后返回用于配制生料浆。烧结法得到的产品质量不如拜耳法，能耗高、工艺比较复杂且成本高。但是，矿石中的主要杂质 SiO_2 是以硅酸钙（$2CaO \cdot SiO_2$）形式进入赤泥。如果不考虑溶出中的副反应，原则上 SiO_2 不会造成 Al_2O_3 和 Na_2O 的损失。因此，烧结法适合于处理 A/S 为 3~5 的高硅铝土矿。

（3）拜耳-烧结联合法。拜耳-烧结联合法兼有拜耳法和烧结法流程，它适合处理 A/S 为 6~8 的中等品位铝矿。它兼收两个流程的优点，获得较单一拜耳法和烧结法好的经济效果。应该指出的是，联合法流程比单一方法更加复杂，所以只有当生产规模比较大，采用联合法才是可行和有利的。拜耳-烧结联合法根据其工艺流程又分为串联法、并联法和混联法。

1.6.2.2　酸法

酸法生产氧化铝是用硫酸、硝酸、盐酸等无机酸处理铝土矿，得到相对应的铝盐的酸性水溶液。然后使这些铝盐通过水解结晶形成碱式铝盐或经过蒸发结晶水合物晶体从溶液中析出[146]。亦可用碱中和这些铝盐的水溶液，使铝以氢氧化铝的形态析出。所得的氢氧化铝、碱式铝盐或各种铝盐的水合晶体再经煅烧，得到无水氧化铝。

酸法用于处理分布广的低铁、高硅的含铝原料，如高岭石、黏土等[147~152]。随着铝土矿资源的减少，近年来一些国家把酸法作为处理非铝土矿原料生产氧化铝的技术储备[153~157]。但此法在工艺技术上还存在许多问题有待解决，因此至今并未能实现工业化。

1.6.2.3　酸碱联合法

酸碱联合法的实质就是利用酸法除硅和碱法除铁。先利用酸处理高硅铝矿中含有的铁、钛等杂质，生成不纯净的氢氧化铝，然后再用碱法处理（拜耳法）。

1.6.2.4　氨法

氨法处理铝土矿是利用其与硫酸铵发生焙烧反应，生成的熟料经溶出分离，以氨水调节滤液 pH 值，重结晶得到硫酸铝铵 $[NH_4Al(SO_4)_2 \cdot 12H_2O]$ 中间体，再经煅烧得到氧化铝产品。

硫酸铵法处理铝土矿具有反应过程中不添加任何助剂；无废气、废渣的排放；反应呈弱酸性体系，对设备腐蚀弱的特点。

1.6.2.5　热法

热法用于处理高硅高铁的矿物。它的实质是在电炉或高炉内熔炼还原矿石，同时获得硅铁合金（或生铁）和铝酸钙炉渣，利用二者密度差异进行分离。再用碱法处理炉渣提取其中的氧化铝。

1.6.3　氧化铝的用途

氧化铝是生产金属铝的主要原料，据统计，90% 以上的氧化铝供电解炼制金属铝使用，其余 10% 主要用于阻燃剂、药品、保温材料、特种陶瓷等行业[158~160]。

1.7　选题依据及研究内容

随着我国可溶性钾资源的不断匮乏和对钾肥需求量的不断增加，急需探索一条利用非水溶性钾矿资源——钾长石的新技术。如能对此加以有效利用，可在一定程度上弥补国内水溶性钾盐资源的不足。

本书以辽宁某地的钾长石为研究对象，以碳酸钠为助剂，通过对各工序的参数和理论研究。设计一条具有工业应用价值的从钾长石中提取硅、铝、钾、钠制备超细二氧化硅、高纯氢氧化铝、紧缺硫酸钾和硫化钠的工艺流程。整个过程无废渣、废气的排放，实现了钾长石的高附加值绿色化综合利用。

本书的主要内容和方案如下：

（1）碳酸钠中温焙烧钾长石提取二氧化硅调控机制的确定。通过钾长石矿与碳酸钠焙烧过程中调控机制即碱矿摩尔比、反应温度、反应时间、粒度等条件对钾长石微观结构的变化和有价组元的赋存状态的影响，阐明中温碱性焙烧规律和反应机理；溶出液中二氧化硅的析出行为，阐明二氧化硅的析出规律和调控机制。

（2）探讨 Na_2SiO_3 净化除杂过程中的物相变化，揭示除杂剂和微量金属离子的作用机制。研究碳酸化分解的反应特征，揭示反应机理及其调控机制对超细二氧化硅、轻质硅酸钙等产品的微观状态、性能的影响规律。

（3）通过焙烧浸出渣硫酸化-水浸出-化学沉淀中 Al_2O_3 的沉淀行为，探明 Al_2O_3 的转化规律和调控机制，研究微量金属离子与 Al_2O_3 的掺杂机制，得到其影响规律。

（4）硫酸钾、硫化钠产品的制备工艺条件的优化；研究硫酸钾、硫化钠产品制备过程的调控机制，明确其转化行为及反应机理。

2 实验原料和工艺流程设计

2.1 引言

钾是促进农作物生长的重要元素之一，但世界上钾资源分布极不平衡，约93%的可溶性钾资源分布在加拿大、美国、法国、俄罗斯和德国等地。我国可溶性钾资源贫乏，仅占世界总储量的 0.63%。随着我国农业生产条件的不断改善，氮、磷肥施用量的日益增加，农作物产量在不断提高，土壤中的钾元素迅速减少，缺钾已成为许多地区农作物增产的主要制约因素。我国的非可溶性钾资源丰富，如钾长石，其储量大，分布广，是许多含钾硅铝盐岩石的主要组分[31~35]。如能对钾长石进行合理的开发利用，对解决我国钾的短缺和农业发展具有重要意义。

目前钾长石处理工艺主要分为：熔盐离子交换法、高温挥发法、水热法、焙烧法、低温烧结法和高压水化法等。由于熔盐离子交换法中滤渣排放量大，故没有工业利用价值[50,53]。高温挥发法能耗高，回收蒸气形式的钾较为困难，且经济效益低。水热法所需液体量较大，后续制备含钾产品时蒸发能耗高[60,63]。低温烧结法产生大量氟化氢和氨气，造成设备腐蚀和环境污染[83,92]。高压水化法工艺流程复杂，对设备要求高[64,65]。

本实验采用 Na_2CO_3 中温焙烧法处理钾长石，提取矿石中的硅、铝、钾、钠等有价组元，达到矿物综合利用的目的。

2.2 实验原料分析

2.2.1 化学成分分析

本实验所用原料为辽宁某地钾长石矿，矿石经破碎、研磨、筛分用于实验。利用美国 Perkin-Elmer 公司 Optima 4300DV 型电感耦合等离子体发射光谱仪分析其化学成分，结果如表 2-1 所示。由表 2-1 可见，矿石中主要成分为 SiO_2、Al_2O_3、K_2O、Na_2O，其含量总和达到 96.44%，成分较复杂。SiO_2 的含量达到矿物的 70%，若只把钾作为产物加以提取利用，将产生大量的渣，故此钾长石应开展综合利用。

表 2-1 钾长石的主要化学组成 （质量分数,%）

成分	SiO_2	Al_2O_3	K_2O	Na_2O	CaO	Fe_2O_3	MgO
含量	69.45	15.72	7.99	3.28	0.61	0.32	0.18

2.2.2 物相成分分析

采用日本理学公司 D/max-2500PC 型 X 射线衍射仪对钾长石的物相结构进行表征，测定条件为：使用 Cu 靶 K_α 辐射，波长 $\lambda = 1.544426 \times 10^{-10}$ m，工作电压为 40kV，2θ 衍射角扫描范围为 $10° \sim 90°$，扫描速度为 $0.033(°)/s$。钾长石的 X 射线分析图谱如图 2-1 所示。由图 2-1 可知，钾长石中的主要物相组成是微斜长石（$KAlSi_3O_8$）、低钠长石（$NaAlSi_3O_8$）和游离的石英形态的 SiO_2，特征衍射峰尖锐，晶型较好。

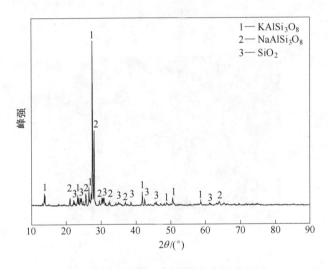

图 2-1 钾长石的 XRD 图谱

2.2.3 微观形貌分析

采用 SSX-550 型扫描电子显微镜和 Ultra Plus 型场发射扫描电镜对破碎研磨后的钾长石的微观形貌进行分析，测定条件为：工作电压：15kV，加速电流：15mA，工作距离：17mm，分析结果如图 2-2 所示。由图 2-2 可知，钾长石颗粒呈类球状，分布较为均匀，颗粒致密且较为坚硬。图 2-3 为对图 2-2b 中颗粒进行硅、铝、钾、钠的面扫描结果。由图 2-3 可知，矿物中含有大量的硅、铝、钾和少部分的钠，且硅、铝、钾和钠互相嵌布。

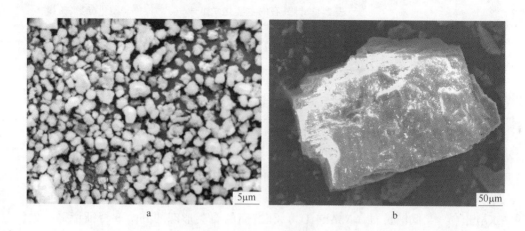

图 2-2 钾长石的 SEM 照片

a—200×；b—2000×

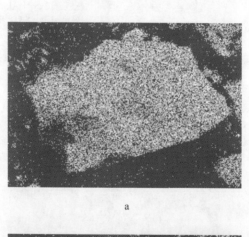

a

b

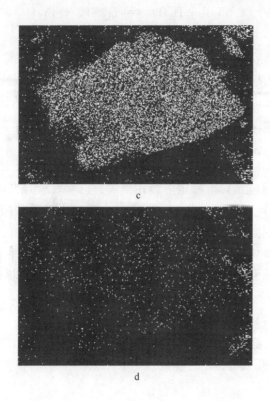

图 2-3 图 2-2b 所示钾长石的面扫描电镜照片

a—硅面扫描；b—铝面扫描；c—钾面扫描；d—钠面扫描

2.3 元素检测方法

2.3.1 硅的测定

本实验采用快速滴定法[161~166]和紫外分光光度法测定二氧化硅含量。

2.3.1.1 快速滴定法

A 测定原理

用盐酸标准溶液定量滴定由水玻璃水解所产生的 OH^-。当滴定至终点时，再加入过量的氟化钠，使溶液中的硅酸与氟化钠反应生成六氟硅酸钠沉淀，生成 1 个分子的六氟硅酸钠同时生成 4 个分子的氢氧化钠。再用盐酸标准溶液进行滴定并过量，之后用氢氧化钠标准溶液回滴过量的盐酸。具体反应如下：

$$Na_2SiO_3 + 2H_2O = H_2SiO_3 + 2NaOH \qquad (2-1)$$

$$HCl + NaOH = NaCl + H_2O \qquad (2-2)$$

$$H_2SiO_3 + 6NaF + H_2O =\!=\!= Na_2SiF_6 + 4NaO \tag{2-3}$$

B 测定步骤

取一定量的溶液置于锥形瓶中，加入 10 滴甲基红指示剂，再加入 3g 氟化钠，摇匀使其充分溶解，此时溶液为黄色。用盐酸标准溶液滴定溶液至红色不变，再过量 2~3mL，准确记录消耗盐酸体积 V_1，然后用氢氧化钠标准溶液滴定至黄色不变，准确记录消耗氢氧化钠体积 V_2。同时做空白实验，其中耗酸量为 V_3，耗碱量为 V_4。计算二氧化硅提取率公式如下：

$$\alpha = 15[C_1(V_1 - V_3) - C_2(V_2 - V_4)]V_0/(vm) \times 100\% \tag{2-4}$$

式中，15 为与 1mol 盐酸标准滴定溶液相当的，以 g 表示的二氧化硅的质量，g/mol；C_1 为盐酸标准溶液的浓度，mol/L；V_1 为滴定中消耗盐酸的体积，mL；V_3 为空白试验中消耗盐酸的体积，mL；C_2 为氢氧化钠标准溶液的浓度，mol/L；V_2 为滴定中消耗氢氧化钠的体积，mL；V_4 为空白试验中消耗氢氧化钠的体积，mL；V_0 为溶液总体积，L；v 为所取溶液体积，mL；m 为样品中二氧化硅质量，g。

C 试剂配制

（1）0.5mol/L 盐酸溶液：取 12mol/L 的分析纯浓盐酸 41.7mL，加入一定量的去离子水中稀释后置于 1L 的容量瓶中，用去离子水定容至 1L，即可得大约 0.5mol/L 的盐酸溶液。

（2）0.5mol/L 氢氧化钠溶液：准确称取 20.000g 氢氧化钠，置于一定量的去离子水中溶解后，移至容量瓶中，用去离子水定容至 1L，摇匀。

（3）1g/L 甲基红指示剂：0.1g 甲基红溶于 100mL 质量分数为 60%的乙醇溶液中。

D 标准溶液的标定

（1）盐酸标准溶液的标定。称取无水碳酸钠约 0.4g（300℃下恒温至恒重），准确至 0.0001g。将其溶于 50mL 水中，加入 1~2 滴甲基橙溶液。由盐酸标准溶液对其进行滴定，溶液由黄色变为橙色，记录消耗盐酸标准溶液用量，煮沸 2min，再次滴定至橙色不变。同时做空白实验。

盐酸浓度计算公式如下：

$$C_{HCl} = 0.0529m/(V_1 - V_2) \tag{2-5}$$

式中，m 为无水碳酸钠的质量，g；V_1 为滴定中消耗盐酸标准溶液的体积，mL；V_2 为空白试验中消耗盐酸标准溶液的体积，mL。

（2）氢氧化钠标准溶液标定方法。称取无水邻苯二甲酸氢钾 0.6g（120℃下恒温至恒重），将其溶于 50mL 水中，加入 5 滴 5g/L 的酚酞指示剂，用氢氧化钠标准溶液滴定至红色为终点，并保持 30s 不褪色，同时做空白实验。

氢氧化钠浓度计算公式如下：

$$C_{NaOH}=1000m_0/204.2V \tag{2-6}$$

式中，m_0 为无水邻苯二甲酸氢钾质量，g；V 为滴定中消耗的氢氧化钠标准溶液体积，mL。

2.3.1.2　紫外分光光度计法

A　测定原理

本方法用于测量低浓度的硅含量，以防止快速滴定法中人为操作造成的误差。

在弱酸性溶液中，硅酸能与钼酸铵生成可溶性黄色硅钼杂多酸，此杂多酸能被硫酸亚铁还原成硅钼蓝，于分光光度计波长 650nm 或 740nm 处测量吸光度。其主要反应式如下：

$$H_4SiO_4 + 12H_2MoO_4 = H_8[Si(Mo_2O_7)_6] + 10H_2O \tag{2-7}$$
$$H_8[Si(Mo_2O_7)_6] + 4FeSO_4 + 2H_2SO_4 =$$
$$H_8[SiMo_2O_5(Mo_2O_7)_5] + 2H_2O + 2Fe_2(SO_4)_3 \tag{2-8}$$

在硅酸与钼酸铵反应生成硅钼杂多酸的同时，溶液中若含有磷酸根和砷酸根离子，也生成相应的杂多酸。它们均能被还原成钼蓝，使测量结果偏高。溶液中有三价铁离子存在时，能使吸光度降低，可加草酸与之生成络合物，并在硅标准溶液中加入适量的铁予以消除干扰，硫酸根无影响。另外，大量氯离子使钼蓝颜色加深；大量的硝酸根可使钼蓝颜色变浅。铝、铜、钛、镍、锰、镁等元素的存在对测定无显著影响。本法适用于矿石中二氧化硅含量在 10% 以下的测量。

B　测定步骤

取溶液 5mL 于 100mL 容量瓶中，加入 2 滴 10g/L 酚酞指示剂，用氨水和盐酸（8+92）调节至微酸性，加入 7mL 盐酸（8+92）和 2.5mL 的 100g/L 的钼酸铵溶液。将容量瓶置于 40℃ 水浴中放置 15min 后取出，冷却至室温，加入 20mL 还原液，用水定容。同时做空白实验。

C　试剂配制

（1）5g/L 酚酞指示剂：准确称取 0.5g 的酚酞，用乙醇溶解，并稀释至 100mL 即可。

（2）100g/L 的钼酸铵溶液：准确称取 100g 的钼酸铵，溶于 1000mL 去离子水中。

2.3.2　铝的测定

本实验采用 EDTA 滴定法[167]测定铝含量。

2.3.2.1   测定原理

在 pH = 5~7 的乙酸-乙酸钠缓冲溶液中，用过量 EDTA 与溶液中的铝、铜、铁离子配合，用氟化钾将与铝络合的 EDTA 释放出来，二甲酚橙作指示剂，用硫酸锌标准滴定溶液络合 EDTA。由于 EDTA 与铝是 1:1 络合，故所测 EDTA 摩尔数即为铝摩尔数。其反应如下：

$$HY^{2-} + Al^{3+} = AlY + H^+ \tag{2-9}$$

$$AlY + 3NaF = AlF_3 + Y^{3-} + 3Na^+ \tag{2-10}$$

$$Zn^{2+} + H_2Y^- = ZnY^- + 2H^+ \tag{2-11}$$

2.3.2.2   测定步骤

取 1~5mL 待测液，加入 10mL 的 0.1mol/L 的 EDTA 溶液加热煮沸。取下稍冷，以甲基橙为指示剂，用氨水（1+1）调至黄色，再过量 2 滴，加入 10mL 乙酸-乙酸钠缓冲溶液，加热煮沸 1min 后取下，冷却至室温，加 3~4 滴 5g/L 二甲酚橙指示剂，用硫酸锌溶液滴定溶液由黄色恰好转变为紫色（不必计数）。加入 10mL 的 100g/L 的氟化钾溶液，加热煮沸 1min，取下冷却至室温，再加入 2 滴 5g/L 二甲酚橙指示剂，用硫酸锌溶液滴定使溶液由黄色变为紫红色，即为终点。铝的提取率 $\alpha_{Al}(\%)$ 计算如下：

$$\alpha_{Al} = \frac{27CVV_0}{vm} \times 100\% \tag{2-12}$$

式中，27 为铝的摩尔质量，g/mol；C 为硫酸锌溶液浓度，mol/L；V 为硫酸锌溶液体积，mL；V_0 为溶液总体积，L；v 为所取溶液体积，mL；m 为样品中铝质量，g。

2.3.2.3   试剂配制

（1）甲基橙：取甲基橙 0.1g，加热水 100mL 使之溶解，即得变色范围为 3.2~4.4，1g/L 的甲基橙溶液。

（2）二甲酚橙：取二甲酚橙 0.2g，加水 100mL 使之溶解，加 3~4 滴氨水，即得。

（3）乙酸-乙酸钠缓冲溶液：取 150g 乙酸钠，18mL 冰乙酸加到 1L 水中，即得。

（4）氟化钾溶液：100g/L。

（5）硫酸锌溶液：0.05mol/L。

（6）EDTA：0.1mol/L。

（7）氨水：（1+1）。

2.3.3　铁的测定

本实验采用重铬酸钾滴定法[167~169]来测定铁的含量。

2.3.3.1　测定原理

在盐酸介质中用氯化亚锡还原大部分 Fe(Ⅲ)，以钨酸钠为指示剂，三氯化钛还原剩余的 Fe(Ⅲ) 为 Fe(Ⅱ)，过量的三氯化钛进一步还原钨酸根生成钨蓝，再滴加重铬酸钾至蓝色消失。以二苯胺磺酸钠为指示剂，重铬酸钾标准溶液滴定 Fe(Ⅱ)。具体反应如下：

$$2Fe^{3+} + Sn^{2+} + 6Cl^- =\!=\!= 2Fe^{2+} + SnCl_6^{2-} \tag{2-13}$$

$$6Fe^{2+} + Cr_2O_7^{2-} + 14H^+ =\!=\!= 6Fe^{3+} + 2Cr^{3+} + 7H_2O \tag{2-14}$$

2.3.3.2　测定步骤

取 10mL 溶液置于 500mL 容量瓶中定容。再取定容后的溶液 10mL 于锥形瓶中，加入 30mL 盐酸（1+1）后放在电热板上加热微沸 3~5min，趁热滴加氯化亚锡至溶液呈黄色或无色；用水稀释至 60mL 左右，加入 10 滴钨酸钠指示剂，再加入三氯化钛使溶液呈蓝色，用重铬酸钾溶液滴定到蓝色消失，加入 10mL 硫磷混酸，2~3 滴二苯胺磺酸钠指示剂；立即用重铬酸钾标准溶液滴定至溶液呈稳定的蓝紫色为终点。铁的提取率 $\alpha_{Fe}(\%)$ 计算如下：

$$\alpha_{Fe} = \frac{56CVV_0}{vm} \times 100\% \tag{2-15}$$

式中，56 为铁的摩尔质量，g/mol；C 为重铬酸钾溶液浓度，mol/L；V 为消耗重铬酸钾溶液体积，mL；V_0 为溶液总体积，L；v 为所取溶液体积，mL；m 为样品中铁质量，g。

2.3.3.3　试剂的配制

（1）氯化亚锡溶液（100g/L）：称取 10g 氯化亚锡溶于 10mL 盐酸中，用水稀释 100mL，存放于棕色瓶中。

（2）硫磷混酸：将 150mL 硫酸慢慢加入 500mL 水中，冷却后加入 150mL 磷酸，用水稀释至 1L，混匀。

（3）重铬酸钾标准滴定溶液：称取 1.7559g 重铬酸钾（基准试剂预先在 150℃烘干 1h 放于 250mL 烧杯中），以少量水溶解后移入 1L 容量瓶中，以水定容。重铬酸钾标准滴定溶液对铁的滴定系数为 0.02000g/mL。

（4）钨酸钠溶液（250g/L）：称取 2.5g 钨酸钠溶于适量水中，加入 5mL 盐酸，用水稀释至 100mL，混匀。

（5）三氯化钛盐酸溶液：将 15%的三氯化钛溶液 1mL 与（1+4）盐酸溶液 40mL 混合。存放于棕色瓶中，上面再加一层石蜡。

2.3.4 钾的测定

本实验采用火焰原子吸收光谱法[167,170]测定钾含量。

2.3.4.1 测定原理

在弱酸性溶液中，于原子吸光光谱仪波长 766.5nm 处用空气-乙炔氧化性贫焰蓝色火焰可测量溶液的吸光度。从工作曲线上查出相应的氧化钾的浓度，达到测定出氧化钾浓度的目的。

2.3.4.2 测定步骤

工作曲线的绘制：准确取 0mL、1.00mL、2.00mL、3.00mL、4.00mL、5.00mL 氧化钾标准溶液于一组 100mL 容量瓶中。分别加入 2mL 盐酸，用水定容。在与试样溶液测定相同条件下测量标准溶液的吸光度，减去标准系列中"零"标准溶液的吸光度，以氧化钾的质量浓度为横坐标，吸光度为纵坐标，绘制工作曲线。

取 1mL 结晶后的溶液置于容量瓶中并加入 2mL 盐酸（1+49）溶液。将容量瓶定容后，与试样分析同做空白实验，测定出溶液中氧化钾的浓度。

2.3.4.3 试剂配制

（1）氧化钾标准贮存溶液：称取 1.5830g 氯化钾（高纯或光谱纯，经 105℃ 烘干）于 200mL 烧杯中，加入约 50mL 水，加热溶解，冷却后移入 1000mL 容量瓶中，用水定容。此溶液含氧化钾 1mg/mL，保存在聚乙烯瓶中。

（2）氧化钾标准溶液：准确吸取 25.00mL 氧化钾标准贮存溶液于 500mL 容量瓶中，用水定容。此溶液含氧化钾 50μg/mL，保存在聚乙烯瓶中。

2.3.5 钠的测定

本实验采用火焰原子吸收光谱法[167]测定钠含量。

2.3.5.1 测定原理

在弱酸性溶液中，于原子吸光光谱仪波长 589.0nm 处用空气-乙炔氧化性贫焰蓝色火焰可测量溶液的吸光度。从工作曲线上查出相应的氧化钠的浓度，达到测定出氧化钠浓度的目的。

2.3.5.2 测定步骤

工作曲线的绘制：准确取 0mL、1.00mL、2.00mL、3.00mL、4.00mL、

5.00mL 氧化钠标准溶液于一组 100mL 容量瓶中。分别加入 2mL 盐酸，用水定容。在与试样溶液测定相同条件下测量标准溶液的吸光度，减去标准系列中"零"标准溶液的吸光度，以氧化钠的质量浓度为横坐标，吸光度为纵坐标，绘制工作曲线。

取 1mL 结晶后的溶液置于容量瓶中并加入 2mL 盐酸（1:49）溶液。将容量瓶定容后，与试样分析同做空白实验，测定出溶液中氧化钠的浓度。

2.3.5.3 试剂配制

（1）氧化钠标准贮存溶液：称取 1.8859g 氯化钠（高纯或光谱纯，经 105℃烘干）于 200mL 烧杯中，加入约 50mL 水，加热溶解，冷却后移入 1000mL 容量瓶中，用水定容。此溶液含氧化钠 1mg/mL，保存在聚乙烯瓶中。

（2）氧化钠标准溶液：准确吸取 25.00mL 氧化钠标准贮存溶液于 500mL 容量瓶中，用水定容。此溶液含氧化钠 50μg/mL，保存在聚乙烯瓶中。

2.3.6 硫化钠的测定

2.3.6.1 测定原理

在试样中加入过量的碘氧化硫化钠和亚硫酸钠，并用硫代硫酸钠滴定过量的碘。以总的碘消耗量减去亚硫酸钠消耗的碘量，即为硫化钠消耗的碘量[171]。主要反应式如下：

$$Na_2S + I_2 \Longrightarrow 2NaI + S \tag{2-16}$$

$$I_2 + 2S_2O_3^{2-} \Longrightarrow 2I^- + S_4O_6^{2-} \tag{2-17}$$

杂质处理及分步原理：

$$S^{2-} + Zn^{2+} \Longrightarrow ZnS\downarrow（淡黄色沉淀，弃去）\tag{2-18}$$

$$I_2 + Na_2SO_3 + H_2O \Longrightarrow 2HI + Na_2SO_4 \tag{2-19}$$

2.3.6.2 测定步骤

称取试样约 10g，精确至 0.0001g，置于 100mL 烧杯中。用水将试样转移至 500mL 容量瓶中，并用水稀释至刻度，摇匀，此为试液。取一 500mL 锥形瓶，向其中加入 200.00mL 水，再加入 50.00mL 碘标准滴定溶液和 20.00mL 冰乙酸溶液。在不断摇动下，用滴定管慢慢加入 20.00mL 试液，过量的碘用硫代硫酸钠标准溶液滴定至微黄色，加 2.00mL 淀粉溶液，继续滴定至蓝色消失为止。

量取 100.00mL 试液置于 250mL 容量瓶中，加入 40.00mL 硫酸锌（或乙酸锌）溶液、5mL 甘油，用水稀释至刻度，摇匀，干过滤。弃去最初 2 次的滤液，量取 50.00mL 滤液于 250mL 锥形瓶中，加 2.00mL 淀粉溶液，用碘标准滴定溶液滴定至溶液呈蓝色。按下列公式计算：

$$\alpha = [C_1(V_1 - V_3) - C_2V_2)] \times [M/(2mK)] \times 100\% \qquad (2-20)$$

式中，C_1 为碘标准滴定溶液摩尔浓度，mol/L；C_2 为硫代硫酸钠标准滴定溶液摩尔浓度，mol/L；V_1 为第一次加入碘标准滴定溶液的体积，mL；V_2 为滴定过量的碘消耗硫代硫酸钠标准滴定溶液的体积，mL；V_3 为分离硫化钠后溶液中亚硫酸钠消耗碘标准滴定溶液的体积，mL；m 为试样的质量，g；K 为分液比；M 为硫化钠的摩尔质量，78.06g/mol。

2.3.6.3　试剂配制

（1）碘标准滴定溶液 C_1：0.1mol/L。

（2）硫代硫酸钠标准溶液 C_2：0.1mol/L。

（3）冰乙酸溶液质量浓度：200g/L。

（4）淀粉溶液质量浓度：5g/L。

（5）硫酸锌（或乙酸锌）溶液质量浓度：100g/L。

2.4　热重-差热分析

采用 SDT Q600 V20.9 Build 20 型热分析仪对钾长石和碳酸钠的混合物进行热重-差热分析，测定条件：参样 α-Al_2O_3（分析纯），升温速度为 10.00℃/min，温度为室温至 1000℃，测定范围为 0.1μg~200mg。图 2-4 为 Na_2CO_3 和钾长石的混合原料（碱矿摩尔比 1.1∶1）热分解过程的热重-差热分析曲线。从 TG 曲线可以看出，混料在加热过程中于 788.64~875.26℃温度范围内有明显的失重。从

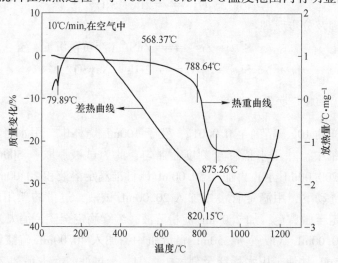

图 2-4　碳酸钠和钾长石混合物的热重-差热曲线

DTA 曲线可以看出，在79.89℃处有一个微弱的吸收峰，820.15℃处有一个较强的吸收峰。可以推测在70~100℃温度范围内混料失去所含吸附水，789~875℃温度范围内混料达到最低共熔点，熔化吸热，体系由固-固相转变为液-固相并且有 CO_2 气体放出。

为了进一步确定碳酸钠和钾长石混合物在不同温度区间的物相变化，对混合物在不同温度下进行焙烧，所得的焙烧熟料样品进行 X 射线衍射分析，结果如图2-5 所示。由图可知，在反应温度达到800℃，焙烧熟料中出现了预期产物硅酸钠和霞石。但反应不完全，仍有碳酸钠的存在。随着反应温度的升高，体系中有液相出现。反应物接触面积增大，反应条件改善。当反应温度达到875℃，钾长石中含有的微斜长石、低钠长石的特征峰已经消失。熟料中只含有硅酸钠、钾霞石和钠霞石的特征峰，说明反应已完成。

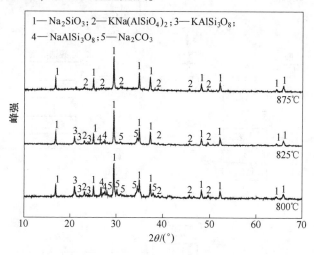

图2-5　钾长石在不同温度下焙烧所得熟料的 XRD 图谱

2.5　工艺流程设计

根据上述化学组成、物相分析和混合物热重-差热分析，本节设计了碳酸钠中温焙烧钾长石综合利用有价组元的工艺流程，如图2-6所示。利用碳酸钠和钾长石焙烧反应生成可溶性物质硅酸钠和不溶性物质霞石。焙烧所得熟料经过碱溶、碳分等步骤，提取钾长石中大部分的二氧化硅。同时，铝、钾和钠在碱溶渣中富集。通过酸化、水溶、沉铝制备氢氧化铝。通过煅烧可得到产品氧化铝。沉铝后富含硫酸钾和硫酸钠的溶液可作为碱溶渣酸化后的循环母液。当浓度接近饱和时，根据硫酸钾和硫酸钠的溶解度不同利用分步结晶方法，可以得到硫酸钾和硫酸钠。硫酸钠作为原料，利用还原法制备高纯硫化钠。该工艺流程也给出了在实验过程中废渣、废液、废气循环利用或回收的途径。

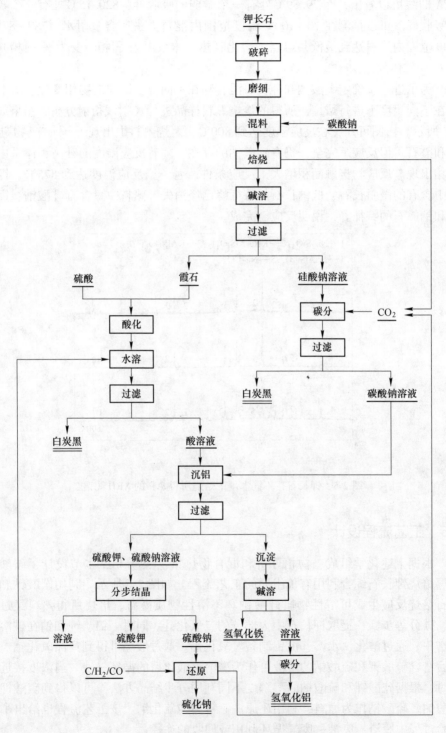

图 2-6 钾长石综合利用工艺流程

3 钾长石中温碱性焙烧法提取
二氧化硅的调控机制

3.1 引言

本章以钾长石为原料，采用碳酸钠中温焙烧法处理，通过破坏其结构提取矿石中的硅、铝、钾、钠等有价组元，达到综合利用钾长石矿物旳目的。本章主要研究在焙烧过程中，碱矿摩尔比、反应温度、反应时间和矿物粒度对二氧化硅提取率的影响。并考察溶出温度、溶出时间、搅拌速度、熟料粒度和氢氧化钠溶液浓度在碱溶过程中对二氧化硅溶出率的影响。通过实验得到优化工艺条件，为碳酸钠焙烧钾长石提取二氧化硅的工业化应用提供理论依据。

3.2 钾长石中温碱性焙烧法实验原料与设备

3.2.1 钾长石中温碱性焙烧法实验原料

来自辽宁省某地的钾长石矿，经破碎、研磨用于实验，其化学成分、物相组成及形貌分析见 2.2 节；碳酸钠为工业级；去离子水为实验室自制；盐酸、氢氧化钠、氟化钠、甲基红等分析检测试剂为分析纯。

3.2.2 钾长石中温碱性焙烧法实验设备

钾长石中温碱性焙烧法实验设备名单见表 3-1。

表 3-1 实验设备表

设备名称	生产厂家	型　　号
封式化验制样粉碎机	南昌化验样机厂	GJ-3 型
振动磨	南昌化验样机厂	XQM-U4L
球磨机	锤东理化仪器制造厂	BS2308 型
高速中药粉碎机	兰溪市伟能达电器有限公司	WND-500A 型
电子天平	北京赛多利斯仪器系统有限公司	BS124S 型
圆柱形电阻丝加热炉	自制	
智能温度控制仪	沈阳东北大学冶金物理化学研究所	ZWK-1600 型
镍铬-镍硅热电偶	沈阳虹天电气仪表有限公司	WRNK-131 型

设备名称	生产厂家	型　号
电热恒温水浴锅	北京市永光明医疗仪器有限公司	XMTD-4000 型
搅拌器	沈阳工业大学	J100 型
搅拌器数显调节仪	沈阳工业大学	MODELW-02
循环水式真空泵	巩义市予华仪器有限公司	SHE-D(Ⅲ) 型
电热恒温鼓风干燥箱	上海一恒科技有限公司	DHG-9070A 型

3.2.3　钾长石中温碱性焙烧法分析仪器

采用日本理学公司的 D/max-2500PC 型 X 射线衍射仪分析钾长石原矿、焙烧熟料及碱溶渣物相结构。使用 Cu 靶 K_α 辐射，波长 $\lambda = 1.544426 \times 10^{-10}$ m，工作电压为 40kV，2θ 衍射角扫描范围为 $10° \sim 90°$，扫描速度为 $0.033(°)/s$。采用美国 Perkin-Elmer 公司的 Optima4300DV 型电感耦合等离子体发射光谱仪分析钾长石原矿、焙烧熟料及碱溶渣的化学成分。采用 SSX-550 型扫描电子显微镜和 Ultra Plus 型场发射扫描电镜对钾长石原矿、焙烧熟料及碱溶渣的微观形貌及元素进行分析，测定条件：工作电压为 15kV，加速电流为 15mA，工作距离为 17mm。

3.3　钾长石中温碱性焙烧法实验原理

钾长石呈架状结构，基本单元为四面体，即 4 个氧原子围绕 1 个铝或硅原子，每个四面体和相邻的四面体共用一个氧原子，钾、钠金属阳离子则位于骨架的空隙中，如图 3-1 所示。由价键理论可知，硅氧键中硅和氧的电负性差值为 1.7，硅氧键长远小于硅氧原子半径之和，故硅氧键稳定。根据原子轨道计算可知，铝硅氧比硅氧更为稳定，造成钾长石结构稳定，在常温、常压下不与除氢氟酸外的任何酸、碱反应。

由于钾长石结构稳定，造就了钾长石只能在高温下熔融、分解。因此，添加低温助熔剂碳酸钠以降低体系的熔化温度和反应温度。反应温度达到最低共熔点，反应体系中出现液相。此时，反应由固-固相转化为液-固相。随着焙烧温度的不断升高，反应物之间的接触面积加大，反应条件改善，反应速率提高。

在碳酸钠中温焙烧钾长石过程中，钾长石中部分硅氧键被破坏。被破坏的硅氧键和以石英形式存在的二氧化硅与碳酸钠反应生成硅酸钠。原矿中微斜长石和低钠长石物相转化为在酸性条件下易溶的六方霞石结构。铝、钾和钠在碱溶渣中富集。此过程发生的主要化学反应如下：

$$KAlSi_3O_8 + 2Na_2CO_3 = KAlSiO_4 + 2Na_2SiO_3 + 2CO_2 \uparrow \qquad (3-1)$$

$$NaAlSi_3O_8 + 2Na_2CO_3 = NaAlSiO_4 + 2Na_2SiO_3 + 2CO_2 \uparrow \qquad (3-2)$$

$$SiO_2 + Na_2CO_3 \Longrightarrow Na_2SiO_3 + CO_2\uparrow \tag{3-3}$$

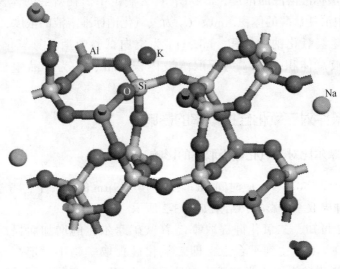

图 3-1 钾长石的单元结构

3.4 钾长石中温碱性焙烧法实验步骤

3.4.1 焙烧

将钾长石破碎、磨细、筛分至不同粒度，并与粒度小于 $75\mu m$ 的碳酸钠按一定的碳酸钠与钾长石摩尔比（钾长石完全反应所消耗的碳酸钠的量计为 1）混合均匀后装入坩埚，置于加热炉中，在空气气氛下快速升温至设定温度，达到一定时间后迅速取样，终止反应。

3.4.2 碱溶

将焙烧熟料破碎、研磨、筛分至不同粒度置于 1L 的三颈烧瓶中，加入一定浓度的氢氧化钠溶液，控制液固比为 4：1，三颈烧瓶瓶口装有冷凝回流装置。用水银温度计读取溶液的真实温度，将装置放入恒温水浴锅中。搅拌溶出一段时间后，过滤分离，滤饼用去离子水洗涤 3 次后烘干备用。

3.4.3 分析方法

采用快速滴定法[161~166]测定溶液中二氧化硅的含量，并按式（3-4）计算二氧化硅提取率。

$$\alpha = 15\left[C_1(V_1 - V_3) - C_2(V_2 - V_4) \right] V_0/(vm) \times 100\% \tag{3-4}$$

式中，15 为与 1mol 盐酸标准滴定溶液相当的，以 g 表示的二氧化硅的质量，g/mol；C_1 为盐酸标准溶液的浓度，mol/L；V_1 为滴定中消耗盐酸的体积，mL；V_3 为空白试验中消耗盐酸的体积，mL；C_2 为氢氧化钠标准溶液的浓度，mol/L；V_2 为滴定中消耗氢氧化钠的体积，mL；V_4 为空白试验中消耗氢氧化钠的体积，mL；V_0 为溶液总体积，L；v 为所取溶液体积，mL；m 为样品中二氧化硅质量，g。

3.5 焙烧条件对二氧化硅提取率的影响

3.5.1 碱矿摩尔比对二氧化硅提取率的影响

在反应温度 850℃、反应时间 2h、粒度 74~89μm 的条件下，考察碱矿摩尔比对二氧化硅提取率的影响，结果如图 3-2 所示。

由图 3-2 可知，二氧化硅提取率随着碱矿摩尔比的增加而提高，在碱矿摩尔比为 1.1∶1 时达到平台点，即二氧化硅提取率趋于稳定，再增加碱矿摩尔比对二氧化硅提取率影响不大。这是因为当碱矿摩尔比较低时，反应体系黏度较大，流动性较差，传质困难，不利于反应的进行；随着碱矿摩尔比的增大，体系黏度逐渐降低，液固界面间的传质阻力减小，物质的扩散速度增大，使反应物质能够更好地接触；达到最佳的反应条件后再增加碱矿摩尔比已经不能再有更多的 SiO_2 参加反应，这时不能提高 SiO_2 的提取率且会导致碱循环量的增大和物料的浪费[172~174]。故碱矿摩尔比取 1.1∶1 合适，此时反应进行得完全。

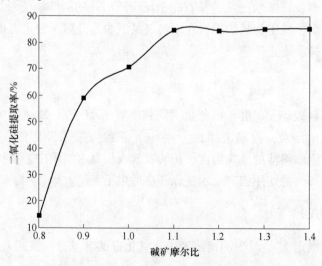

图 3-2 碱矿摩尔比对二氧化硅提取率的影响

3.5.2 反应温度对二氧化硅提取率的影响

图 3-3 为在碱矿摩尔比为 1.1∶1，反应时间 2h、粒度 74~89μm、反应温度 800~950℃的范围内，反应温度对二氧化硅提取率的影响曲线。由图 3-3 可知，反应温度对二氧化硅提取率的影响较大，随着反应温度的升高，二氧化硅提取率曲线先上升后下降，在 875℃时，二氧化硅提取率达到最大。

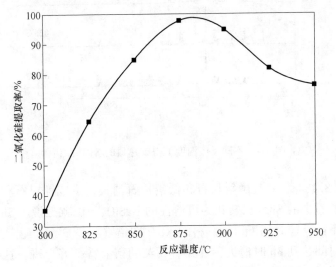

图 3-3 反应温度对二氧化硅提取率的影响

反应温度低于 825℃，反应物都是固相，固-固相间传质速度慢，传质困难，且生成的固相产物隔断了反应物间的接触，使反应难以进行，因此提取率低。当温度升至 825℃体系中开始出现液相，固-固相反应转变为液-固相反应，反应物活化能增大，反应物质传质部分（不仅有扩散，液相还可以流动）反应速率和提取率都提高。随着反应温度的升高，液相量增大，流动性变好，传质速率加快，提取率提高。当反应温度达到 875℃时，微斜长石和低钠长石特征峰消失，如图 3-4 所示。随着反应温度的进一步升高，物料中的霞石和部分硅酸钠转化成未知玻璃态物质并且有石英生成。

3.5.3 反应时间对二氧化硅提取率的影响

在碱矿摩尔比为 1.1∶1、反应温度 875℃、粒度 74~89μm 的条件下，考察反应时间对二氧化硅提取率的影响，结果如图 3-5 所示。

由图 3-5 可知，反应时间对二氧化硅提取率的影响较大，随着反应时间的延长，二氧化硅提取率先上升后下降。当反应时间达到 1.5h 时，二氧化硅提取率

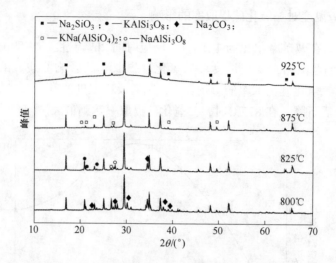

图 3-4 不同反应温度下得到熟料的 XRD 图谱

达到最大值 98.13%，并且微斜长石和低钠长石消失，生成钾霞石和霞石，微斜长石和低钠长石中的 SiO_2 已转化为可溶性的 $NaSiO_3$。也就是说 1.5h，反应已完全进行。由不同反应时间下得到熟料的 XRD 图谱（见图 3-6），生成物钾霞石和霞石在反应时间达到 3h 时消失，并伴有石英的衍射特征峰出现，这导致二氧化硅提取率的降低。因此，选择反应时间 1.5h 较为适宜。

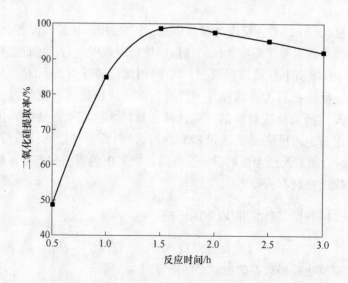

图 3-5 反应时间对二氧化硅提取率的影响

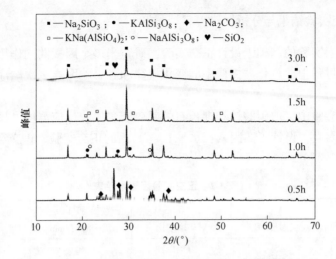

图 3-6 不同反应时间下得到熟料的 XRD 图谱

3.5.4 粒度对二氧化硅提取率的影响

图 3-7 为在碱矿摩尔比为 1.1∶1，反应时间 1.5h，反应温度 875℃ 条件下，粒度对二氧化硅提取率的影响曲线。由图可见，粒度对二氧化硅提取率影响较大，随着粒度的减小，二氧化硅提取率提高。这是因为颗粒的比表面积和反应活性中心随着粒度的减小而增大。故粒度选择 74~89μm。

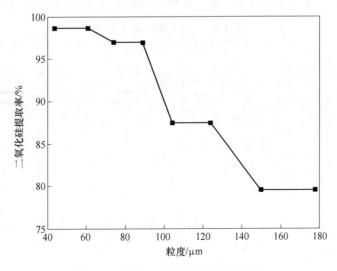

图 3-7 粒度对二氧化硅提取率的影响

3.5.5 正交实验结果与分析

在单因素实验的基础上设计正交实验，研究当多个因素共同作用时，碳酸钠焙烧钾长石过程中二氧化硅提取率的变化规律和各影响因素主次顺序，确定最佳反应条件。

在正交实验中，取碳酸钠和钾长石的碱矿摩尔比、反应温度、反应时间、粒度 4 个正交因素，设计了四因素三水平 $L_9(3^4)$ 的正交实验。正交实验因素水平表见表 3-2。

表 3-2   正交实验因素水平表

实验编号	A 反应温度/℃	B 碱矿摩尔比	C 反应时间/min	D 粒度/μm
1	825	1:1	40	150~178
2	850	1.1:1	60	104~124
3	875	1.2:1	80	74~89

采用极差法对正交实验结果进行统计分析（见图 3-8），由极差 R 的大小可知：（1）在各因素选择的范围内，影响二氧化硅提取率的各因素由大到小的顺序为反应温度、粒度、碳酸钠和钾长石碱矿摩尔比、反应时间，即反应温度对二氧化硅提取率的影响最为显著，其次是粒度、碳酸钠和钾长石碱矿摩尔比和反应时间。（2）在反应温度 875℃、颗粒粒度 74~89μm、碱矿摩尔比 1.2:1、反应时间 80min 的最佳反应条件下，二氧化硅的提取率达到 98.13%（见表 3-3）。

表 3-3   正交实验结果与分析

实验编号	A 反应温度/℃	B 碱矿摩尔比	C 反应时间/min	D 粒度/μm	二氧化硅提取率/%
1	825	1:1	40	150~178	72.89
2	825	1.1:1	60	104~124	85.3
3	825	1.2:1	80	74~89	92.65
4	850	1:1	60	74~89	89.42
5	850	1.1:1	80	150~178	85.64
6	850	1.2:1	40	104~124	92.39
7	875	1:1	80	104~124	93.33
8	875	1.1:1	40	74~89	98
9	875	1.2:1	60	150~178	91.31
平均数 1	83.61	85.21	87.76	83.28	
平均数 2	89.15	89.65	88.68	90.34	

实验编号	A 反应温度/℃	B 碱矿摩尔比	C 反应时间/min	D 粒度/μm	二氧化硅 提取率/%
平均数 3	94.21	92.12	90.54	93.36	
R	10.6	6.91	2.78	10.08	

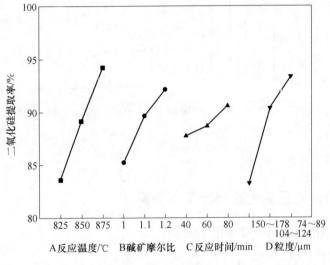

A 反应温度/℃   B 碱矿摩尔比   C 反应时间/min   D 粒度/μm

图 3-8 焙烧实验极差趋势

3.5.6 焙烧熟料的分析

表 3-4 列出在反应温度 875℃、颗粒粒度 74~89μm、碱矿摩尔比 1.2:1、反应时间 80min 条件下所得的焙烧熟料的主要化学成分。熟料的主要成分为 SiO_2、Al_2O_3、K_2O、Na_2O，含量总和达到 98.9%。图 3-9 为焙烧熟料的 XRD 图谱，熟料中的主要物相为硅酸钠、钾霞石和霞石。与图 2-1 钾长石的 XRD 图谱比较，可知原矿中的微斜长石、低钠长石和游离形态的石英的衍射峰消失，证明钾长石和碳酸钠发生了式（3-1）~式（3-3）所示的反应。

通过计算可得焙烧熟料中 Na_2SiO_3、$KAlSiO_4$ 和 $NaAlSiO_4$ 所占比例分别为66.00%、16.54%和14.03%。可知大部分的二氧化硅以硅酸钠的形式存在于焙烧熟料中。

表 3-4 焙烧熟料的主要化学组成 （质量分数,%）

成分	SiO_2	Na_2O	Al_2O_3	K_2O	Fe_2O_3	CaO
含量	44.50	39.24	10.24	4.92	0.42	0.33

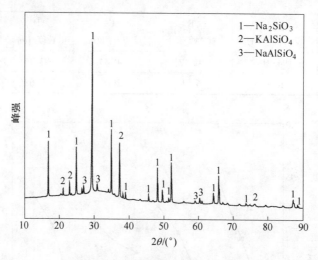

图 3-9 焙烧熟料的 XRD 图谱

3.6 溶出条件对二氧化硅溶出率的影响

3.6.1 溶出温度对二氧化硅溶出率的影响

在溶出时间 60min、搅拌速度 400r/min、熟料粒度 74~89μm 和氢氧化钠溶液浓度 0.5mol/L 的条件下，考察溶出温度对二氧化硅溶出率的影响，结果如图 3-10 所示。

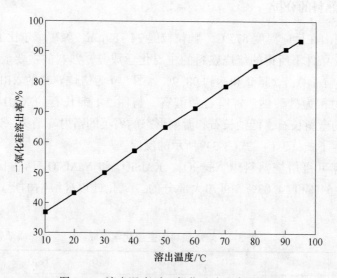

图 3-10 溶出温度对二氧化硅溶出率的影响

由图 3-10 可知，随着溶出温度的升高，二氧化硅溶出率增大。这是由于溶出温度升高后活化分子增加，从而提高反应速率。同时焙烧熟料中的硅酸钠的溶解度随着温度的升高而增加，故溶出温度升高促进溶出。但考虑到溶出过程在常压条件下进行，故选择溶出温度 95℃ 为宜。

3.6.2 溶出时间对二氧化硅溶出率的影响

图 3-11 为溶出温度 95℃、搅拌速度 400r/min、熟料粒度 74~89μm 和氢氧化钠溶液浓度 0.5mol/L 时，溶出时间与二氧化硅溶出率的关系曲线。由图可知，随着溶出时间的延长，二氧化硅溶出率逐渐增大。溶出时间超过 80min，二氧化硅溶出率趋于平稳，表明溶出时间 80min 后已经满足反应的进行。考虑到效率及能耗，选择溶出时间 80min 较为适宜。

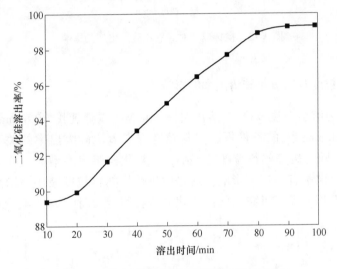

图 3-11 溶出时间对二氧化硅溶出率的影响

3.6.3 搅拌速度对二氧化硅溶出率的影响

在溶出温度 95℃、溶出时间 80min、熟料粒度 74~89μm 和氢氧化钠溶液浓度 0.5mol/L 的条件下，考察二氧化硅溶出率和搅拌速度的关系，如图 3-12 所示。由图可知，搅拌速度对二氧化硅溶出率有一定的影响。随着搅拌速度的增强，二氧化硅溶出率增大。这是因为增强搅拌速度加大了焙烧熟料与碱溶液的接触机会，加快了可溶性组分在溶液中的分散，有利于硅酸钠的溶解。当搅拌速度达到 400r/min 时，二氧化硅溶出率趋于平稳，故选择搅拌速度 400r/min。

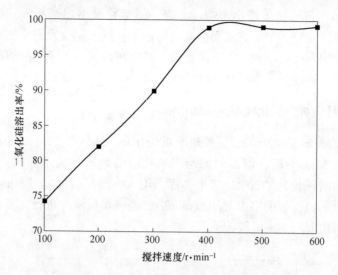

图 3-12　搅拌速度对二氧化硅溶出率的影响

3.6.4　熟料粒度对二氧化硅溶出率的影响

图 3-13 为溶出温度 95℃ 、溶出时间 80min、搅拌速度 400r/min 和氢氧化钠溶液浓度 0.5mol/L 的条件下，熟料粒度与二氧化硅溶出率的关系曲线。由图3-13可知，随着焙烧熟料粒度的减小，二氧化硅溶出率增大。说明熟料粒度对二氧化硅溶出率有一定的影响。这是由于焙烧熟料粒度减小，增加了溶液与熟料的接触面积，提高了熟料的溶出速率，在固定的时间里提高了二氧化硅溶

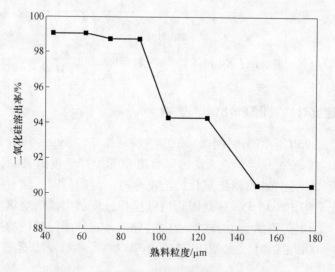

图 3-13　熟料粒度对二氧化硅溶出率的影响

出率。当熟料粒度大于89μm时，二氧化硅溶出率随粒度的减小明显提高。当熟料粒度小于74μm时，二氧化硅溶出率变化不大，故熟料粒度选择74~89μm为佳。

3.6.5 氢氧化钠溶液浓度对二氧化硅溶出率的影响

在溶出温度95℃、溶出时间80min、搅拌速度400r/min和熟料粒度74~89μm的条件下，考察氢氧化钠溶液浓度对二氧化硅溶出率的影响，结果如图3-14所示。由图可知，在氢氧化钠溶液浓度低于0.2mol/L时，随着氢氧化钠溶液浓度的增大，二氧化硅溶出率明显升高。在保证高溶出率的前提下尽可能降低氢氧化钠溶液浓度，故选择氢氧化钠溶液浓度0.2mol/L为宜。

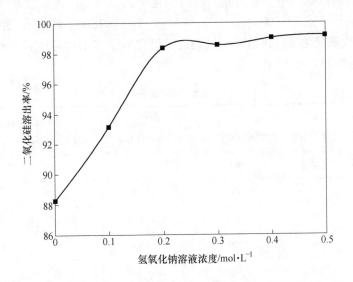

图3-14 氢氧化钠溶液浓度对二氧化硅溶出率的影响

3.6.6 正交实验的结果和分析

在单因素实验的基础上设计正交实验，研究当多个因素共同作用时，焙烧熟料溶出过程中二氧化硅溶出率的变化规律和各影响因素主次顺序，确定最佳反应条件。

在正交实验中，取溶出温度、搅拌速度、熟料粒度、氢氧化钠浓度4个正交因素，设计了四因素三水平 L_9（3^4）的正交实验。正交实验因素水平表见表3-5。

表 3-5   正交实验因素水平表

实验编号	A 溶出温度/℃	B 搅拌速度/r·min⁻¹	C 熟料粒度/μm	D NaOH 浓度/mol·L⁻¹
1	80	300	44~61	0.1
2	90	400	74~89	0.2
3	95	500	104~124	0.3

以二氧化硅溶出率为指标进行正交试验，结果如表 3-6 所示。采用极差法对正交试验结果进行统计分析，由极差 R 可知：（1）在各因素选定的范围内，影响二氧化硅溶出率各因素主次排序为 B、A、D、C，即搅拌速度对二氧化硅溶出率的影响最为显著，其次是溶出温度、氢氧化钠溶液浓度，熟料粒度影响最小；（2）钾长石焙烧熟料中二氧化硅的溶出优化工艺条件为溶出温度 95℃、溶出时间 80min、搅拌速度 400r/min、熟料粒度 74~89μm、氢氧化钠溶液浓度 0.2mol/L。按照优化条件进行验证试验，二氧化硅溶出率均可达到 99%。溶出实验极差趋势如图 3-15 所示。

表 3-6   正交实验结果与分析

实验编号	A 溶出温度/℃	B 搅拌速度/r·min⁻¹	C 熟料粒度/μm	D NaOH 浓度/mol·L⁻¹	二氧化硅溶出率/%
1	80	300	44~61	0.1	79.17
2	80	400	74~89	0.2	93.31
3	80	500	104~124	0.3	90.21
4	90	300	74~89	0.3	87.28
5	90	400	104~124	0.1	90.87
6	90	500	44~61	0.2	97.89
7	95	300	104~124	0.2	86.37
8	95	400	44~61	0.3	99.87
9	95	500	74~89	0.1	95.25
平均数 1	87.5	84.27	92.31	88.43	
平均数 2	92.01	94.68	91.95	92.52	
平均数 3	93.83	94.42	89.12	92.42	
R	6.33	10.41	1.41	4.09	

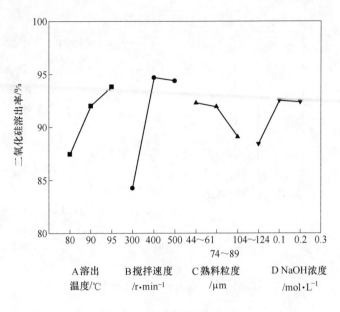

图 3-15 溶出实验极差趋势

3.6.7 碱溶渣的分析

在优化工艺条件下将焙烧熟料碱溶，过滤洗涤得到碱溶渣，对其化学成分分析，结果如表 3-7 所示。碱溶渣中的 Na_2O 含量明显下降到 7.84%，而 Al_2O_3 和 K_2O 含量亦显著提高，分别达到 35.01% 和 16.31%。每 100g 熟料得到碱溶渣 31.3g，这和熟料中不溶化合物 $KAlSiO_4$、$NaAlSiO_4$ 的含量之和相符。图 3-16 为碱溶渣的 XRD 图谱，由图可知，碱溶渣中主要物相为钾霞石和霞石，其衍射峰尖锐，表明结晶良好且纯度较高。与图 3-9 比较，图中硅酸钠的衍射峰已经消失，说明熟料中的硅酸钠经碱溶进入溶液，钾、钠、铝以钾霞石和霞石形态在渣中富集。

表 3-7　碱溶渣的主要化学组成　　　　（质量分数,%）

成分	SiO_2	Na_2O	Al_2O_3	K_2O	Fe_2O_3	CaO
含量	38.24	7.84	35.01	16.31	1.30	1.09

图 3-17a、b 分别为焙烧熟料和碱溶渣的 SEM 照片。由图可见，焙烧熟料表面被反应产物硅酸钠覆盖，颗粒呈不规则形状且大小不一。经碱溶后，焙烧熟料覆盖的及散碎的硅酸钠消失。碱溶渣颗粒尺寸远小于熟料颗粒，且大小均匀。

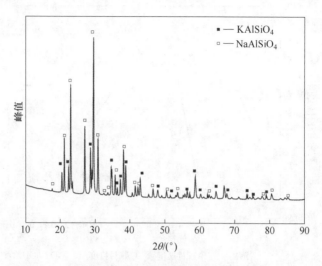

图 3-16 碱溶渣的 XRD 图谱

图 3-17 焙烧熟料和碱溶渣的 SEM 照片

a—焙烧熟料 SEM 照片；b—碱溶渣的 SEM 照片

    图 3-18 和图 3-19 分别为钾长石、碱溶渣的扫描电镜照片及主要元素面扫描电镜照片。由两图可知，碱溶渣颗粒尺寸远小于钾长石颗粒，且颗粒疏松多孔。说明钾长石颗粒被助溶剂 Na_2CO_3 腐蚀，导致致密结构被破坏。由元素面扫描电镜照片可知，碱溶渣中的硅含量明显下降，而铝、钾和钠含量亦显著提高。再次证明，经焙烧和碱溶工序钾长石结构被破坏，矿石中的二氧化硅被提取并使铝、钾和钠等有价元素在碱溶渣中富集。

图 3-18 钾长石的 SEM 照片和面扫描图

a—钾长石 SEM 照片；b—硅面扫描；c—铝面扫描；d—钾面扫描；e—钠面扫描

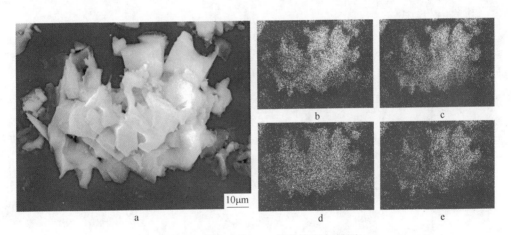

图 3-19 碱溶渣的 SEM 照片和面扫描图

a—碱溶渣 SEM 照片；b—硅面扫描；c—铝面扫描；d—钾面扫描；e—钠面扫描

3.7 小结

针对钾长石的特点，设计了碳酸钠中温焙烧钾长石并采用碱溶得到二氧化硅的方法，通过实验得到相关结论。

（1）通过试验考察了碱矿摩尔比、反应温度、反应时间、粒度对二氧化硅提取率的影响。结果表明：在碱矿摩尔比为 1.2：1，反应温度 875℃，反应时间 80min，矿物粒度 74~89μm 的条件下，二氧化硅的提取率达到 98.13%。

（2）考察了碱溶焙烧熟料溶出温度、溶出时间、搅拌速度、熟料粒度和氢氧化钠浓度对二氧化硅溶出率的影响。在溶出温度 95℃、溶出时间 80min、搅拌速度400r/min、熟料粒度74~89μm、氢氧化钠溶液浓度0.2mol/L的条件下，二氧化硅的溶出率达到99%。

（3）在优化工艺条件下，钾长石中大部分的二氧化硅以硅酸钠形式提取出来，矿石中的铝、钾和钠在碱溶渣中富集，实现了二氧化硅与钾长石和钠长石的分离。

4 钾长石中温碱性焙烧法
提取二氧化硅的反应机理

4.1 钾长石和碳酸钠焙烧过程

4.1.1 引言

本章对钾长石和碳酸钠焙烧过程进行研究，考察在不同反应温度、矿石粒度及碱矿摩尔比的条件下，二氧化硅提取速率与反应时间的关系；确定反应速率方程，计算反应活化能；并对焙烧熟料溶出过程进行研究，考察在不同溶出温度、搅拌速度、氢氧化钠溶液浓度、熟料粒度的条件下，二氧化硅溶出速率与溶出时间的关系。

4.1.2 钾长石中温碱性焙烧机理实验原料与仪器

4.1.2.1 钾长石中温碱性焙烧机理实验原料

来自辽宁省某地的钾长石，经破碎、研磨用于实验，其化学成分、物相组成及形貌分析见2.2节；碳酸钠为工业级；去离子水为实验室自制；盐酸、氢氧化钠、氟化钠、甲基红等分析检测试剂为分析纯。

4.1.2.2 钾长石中温碱性焙烧机理实验设备

研究钾长石中温碱性焙烧机理所用实验设备如表4-1所示。

表 4-1 实验设备

设备名称	生产厂家	型号
封式化验制样粉碎机	南昌化验样机厂	GJ-3 型
振动磨	南昌化验样机厂	XQM-U4L
球磨机	锤东理化仪器制造厂	BS2308 型
高速中药粉碎机	兰溪市伟能达电器有限公司	WND-500A 型
电子天平	北京赛多利斯仪器系统有限公司	BS124S 型

设备名称	生产厂家	型号
电子天平	上海精密科学仪器有限公司	YP1002N 型
马弗炉	沈阳长城工业电炉厂	SRJX-4-13 型
智能温度控制仪	沈阳东北大学冶金物理化学研究所	ZWK-1600 型
镍铬-镍硅热电偶	沈阳虹天电气仪表有限公司	WRNK-131 型
电热恒温水浴锅	北京市永光明医疗仪器有限公司	XMTD-4000 型
搅拌器	沈阳工业大学	J100 型
搅拌器数显调节仪	沈阳工业大学	MODELW-02
循环水式真空泵	巩义市予华仪器有限公司	SHE-D（Ⅲ）型
电热恒温鼓风干燥箱	上海一恒科技有限公司	DHG-9070A 型

4.1.3　钾长石中温碱性焙烧机理实验步骤

在空气气氛下将实验炉升温至设定温度，将反应物料混合均匀后装入坩埚中置于炉中，每隔 10min 迅速取样终止反应，直至所有样品取出。采用快速滴定法[161~166]测定溶液中二氧化硅的含量，并按式（3-4）计算二氧化硅提取率。

4.1.4　钾长石中温碱性焙烧机理实验原理

由图 2-5 可知，碳酸钠和钾长石的混合物在 825℃时会发生物相转变，即由固态变为熔融态。在实验过程中，焙烧反应主要是在 800~950℃ 的条件下进行的，此时混合物主要以熔融态存在，故碳酸钠中温焙烧法从钾长石中提取二氧化硅属于液-固二相反应，且在焙烧过程中有硅酸钠、钾霞石和霞石等固体产物生成。因此，该焙烧反应属于有固体产物层生成的液-固相反应。

假设钾长石为等径球形均匀的颗粒，随着焙烧反应的进行，未反应的核心半径不断缩小，即反应界面逐渐向反应物颗粒内部推进。并且反应产生大量的空隙，导致反应物颗粒体积有收缩趋势，产物硅酸钠、钾霞石和霞石等固体填充该空隙，并附着在反应物颗粒的表面，形成固体产物层（或称固体膜），因此，该过程可以用收缩未反应核模型来描述[175~181]。

碳酸钠中温焙烧法从钾长石中提取二氧化硅过程包括以下 5 个步骤：（1）碳酸钠通过液体边界层向钾长石颗粒表面扩散的外扩散；（2）碳酸钠进一步扩散通过固体产物层的内扩散；（3）碳酸钠与钾长石颗粒发生界面化学反应；（4）生成的不溶性产物钾霞石和霞石增厚固体产物层，而可溶性产物硅酸钠则扩散通过固体产物层；（5）可溶性产物硅酸钠进一步扩散到体系中。反应速率取决于上述最慢的步骤[182~185]。

（1）当反应速率受固体边界层扩散控制时，反应速率与反应物浓度成正比，反应速率受搅拌强度的影响显著，而受反应温度的影响较小。反应的表观活化能一般为8~10kJ/mol。反应速率控制方程为

$$\alpha = k_r t \tag{4-1}$$

（2）当反应速率受固体产物层扩散控制时，反应速率取决于固态产物层的扩散速率，与搅拌强度没有明显的关系；反应速率依然与反应物浓度成正比；受温度影响较小。反应的表观活化能一般为8~20kJ/mol。反应速率控制方程为

$$1 + 2(1 - \alpha) - 3(1 \quad \alpha)^{2/3} - k_d t \tag{4-2}$$

（3）当反应速率受界面化学反应控制时，反应速率受温度影响较大而与搅拌强度无关。反应的表观活化能较大，一般可达40~300kJ/mol。反应控制方程为

$$1 - (1 - \alpha)^{1/3} = k_r t \tag{4-3}$$

4.1.5　不同反应温度下二氧化硅提取率与反应时间的关系

在钾长石颗粒粒度74~89μm，碳酸钠和钾长石碱矿摩尔比1.2∶1，反应温度分别为825℃、850℃、875℃时二氧化硅提取率与反应时间的关系如图4-1所示。由图可知，随着反应温度的升高，二氧化硅提取率逐渐增大。反应时间80min，反应温度从825℃升到875℃，二氧化硅提取率从66.29%增大到97.97%。

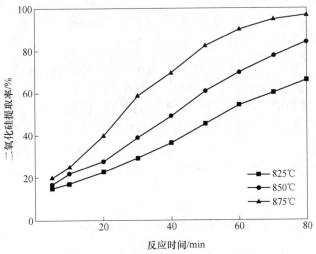

图4-1　不同反应温度下二氧化硅提取率与反应时间的关系

利用二氧化硅提取率计算 $1+2(1-\alpha)-3(1-\alpha)^{2/3}$ 数值，并与反应时间作图，得到的表观反应速率常数和相关系数列于表 4-2。结果显示，$1+2(1-\alpha)-3(1-\alpha)^{2/3}$ 与反应时间 t 线性相关性较差。图 4-2 为 $1-(1-\alpha)^{1/3}$ 和反应时间的关系曲线。由图可知，$1-(1-\alpha)^{1/3}$ 与反应时间 t 呈现良好的线性关系。

表 4-2 不同温度下的表观反应速率常数和相关系数

反应温度/℃	k/min^{-1}	R^2
825	0.00266	0.91544
850	0.00529	0.91478
875	0.01022	0.96057

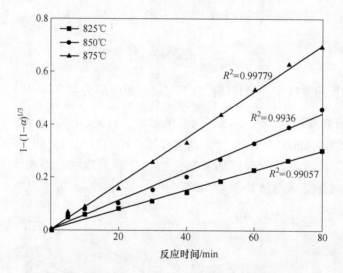

图 4-2 不同反应温度下 $1-(1-\alpha)^{1/3}$ 与反应时间 t 的关系

将 $\ln k$ 对 T^{-1} 作图，结果如图 4-3 所示，反应速率曲线为一条直线。由直线斜率，求得对应的表观反应活化能 Ea 为 188.13kJ/mol。其反应过程可描述为

$$1-(1-\alpha)^{1/3} = 3.12 \times 10^5 \times \exp[-188130/(RT)]t$$

式中，α 为二氧化硅的提取率；R 为摩尔气体常数，8.314J/mol；T 为热力学温度，K；t 为反应时间，min。

4.1.6 不同粒度下二氧化硅提取率与反应时间的关系

图 4-4 为反应温度 875℃、碱矿摩尔比 1.2∶1 的条件下，不同粒度的反应物、反应时间与二氧化硅提取率的关系曲线。

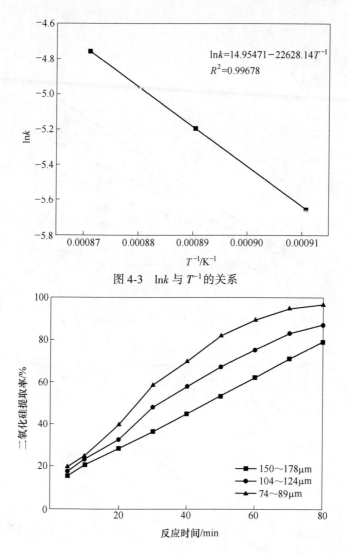

图 4-3　$\ln k$ 与 T^{-1} 的关系

图 4-4　不同粒度下二氧化硅提取率与时间的关系

由图 4-4 可知，随着粒度的减小，二氧化硅提取率增大。将图 4-4 中的数据用式 $1-(1-\alpha)^{1/3}$ 进行处理，结果如图 4-5 所示。由图可知，$1-(1-\alpha)^{1/3}$ 与反应时间 t 在各粒度下皆呈现良好的线性关系。

将 k 对 d^{-1} 作图，结果如图 4-6 所示，由图可知反应速率曲线为一条直线。

4.1.7　不同碱矿摩尔比下二氧化硅提取率与反应时间的关系

在反应温度 875℃、粒度 74~89μm 的条件下，考察不同碱矿摩尔比和反应

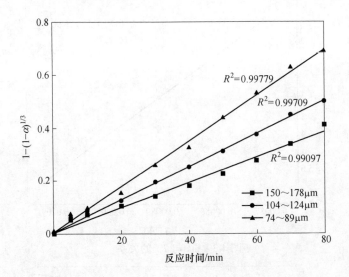

图 4-5　不同粒度下 $1-(1-\alpha)^{1/3}$ 与反应时间 t 的关系

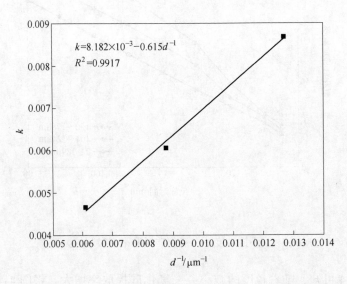

图 4-6　k 与 d^{-1} 的关系

时间对二氧化硅提取率的影响，结果如图 4-7 所示。

　　由图 4-7 可知，二氧化硅提取率随着碱矿摩尔比的增加而增大。将图 4-7 中的数据用式 $1-(1-\alpha)^{1/3}$ 进行处理，结果如图 4-8 所示。由图可知，$1-(1-\alpha)^{1/3}$ 与反应时间 t 对于各碱矿摩尔比皆呈现良好的线性关系。

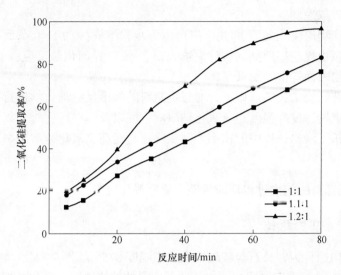

图 4-7 不同碱矿摩尔比下二氧化硅提取率与反应时间的关系

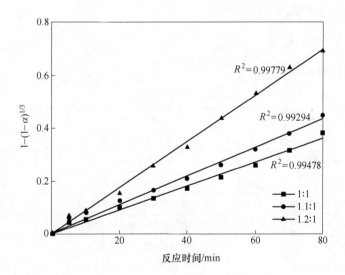

图 4-8 不同碱矿摩尔比下 $1-(1-\alpha)^{1/3}$ 与反应时间 t 的关系

4.2 焙烧熟料的溶出过程

4.2.1 引言

  焙烧熟料的溶出过程是典型的液-固二相反应。考虑到在焙烧熟料溶出过程中无固体产物生成，因此该过程属于无固体产物层生成的液-固相反应。此过程应该不受内扩散控制。

无固体产物层生成的液-固相反应由以下步骤组成：（1）液态反应物由溶液主体通过液相边界层扩散到固态反应物表面；（2）界面化学反应；（3）生成物从固体反应物表面扩散到溶液主体[186~191]。

本实验在焙烧工艺的基础上，对焙烧熟料的溶出反应动力学进行研究，分别考察了溶出温度、搅拌强度、氢氧化钠溶液浓度以及熟料粒度对二氧化硅溶出率的影响，分析了溶出过程中的速率控制步骤，对提高二氧化硅溶出率有重要的指导意义。

4.2.2 焙烧熟料的溶出过程反应机理实验原料与仪器

4.2.2.1 实验原料

实验所用原料为钾长石与碳酸钠在反应温度 875℃、颗粒粒度 74~89μm、碱矿摩尔比 1.2：1、反应时间 80min 条件下所得的焙烧熟料。其化学成分、物相组成及形貌分析见 3.5.6 节；去离子水为实验室自制；盐酸、氢氧化钠、氟化钠、甲基红等分析检测试剂为分析纯。

4.2.2.2 实验设备

该实验所用设备见表4-3。

表 4-3　实验设备

设备名称	生产厂家	型号
封式化验制样粉碎机	南昌化验样机厂	GJ-3 型
振动磨	南昌化验样机厂	XQM-U4L
球磨机	锤东理化仪器制造厂	BS2308 型
高速中药粉碎机	兰溪市伟能达电器有限公司	WND-500A 型
电子天平	北京赛多利斯仪器系统有限公司	BS124S 型
电子天平	上海精密科学仪器有限公司	YP1002N 型
电热恒温水浴锅	北京市永光明医疗仪器有限公司	XMTD-4000 型
搅拌器	沈阳工业大学	J100 型
搅拌器数显调节仪	沈阳工业大学	MODELW-02
循环水式真空泵	巩义市予华仪器有限公司	SHE-D（Ⅲ）型
电热恒温鼓风干燥箱	上海一恒科技有限公司	DHG-9070A 型

4.2.3 焙烧熟料的溶出过程反应机理实验步骤

将焙烧熟料破碎研磨筛分至不同粒度并置于 1L 的三颈烧瓶中，加入一定浓度的氢氧化钠溶液，控制液固比为 4：1，三颈烧瓶瓶口装有冷凝回流装置。用水银温度计读取溶液的温度，将装置放入恒温水浴锅中。搅拌溶出，每隔 10min 取样，过滤分离。采用快速滴定法[161~166]测定溶液中二氧化硅的含量，并按式(3-4) 计算二氧化硅提取率。

4.2.4 不同溶出温度下二氧化硅溶出率与溶出时间的关系

在搅拌速度 400r/min、氢氧化钠溶液浓度 0.2mol/L 和熟料粒度 74~89μm 的条件下，考察溶出温度和溶出时间对二氧化硅溶出率的影响，结果如图 4-9 所示。由图可知，随着溶出温度的升高，二氧化硅溶出率增大。

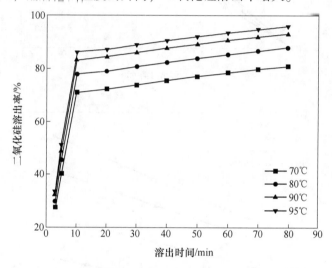

图 4-9　不同溶出温度下二氧化硅溶出率与溶出时间的关系

在 0~10min 二氧化硅的溶出速率快而后期 20~80min 的溶出速率较慢。在溶出温度 95℃的条件下，二氧化硅溶出率在 0~10min 达到 86.34%，在 20~80min 只增加了 9.67%。故二氧化硅的溶出过程可分为反应前期和反应后期两个阶段。这两个阶段二氧化硅溶出效率明显不同，说明随着熟料溶出过程的进行，反应机理或反应的控制步骤发生了改变。因此，反应过程应该分为两部分来讨论。为了得到各阶段的过程参数，分析熟料溶出过程的反应机理，分别将不同温度下反应前期和反应后期的二氧化硅溶出率代入 $1-(1-\alpha)^{1/3}$ 进行计算，并将 $1-(1-\alpha)^{1/3}$ 与溶出时间 t 作图，结果如图 4-10 所示。由图可知，$1-(1-\alpha)^{1/3}$ 与溶出时间 t 呈现良好的线性关系。

根据直线的斜率可以求出各温度下溶出过程反应前期和反应后期的表观反应速率常数 k，如表 4-4 所示。由表可知，反应前期的表观反应速率常数大于后期的，二者相差一个数量级，这与反应前期的反应速率明显快于后期的反应速率的

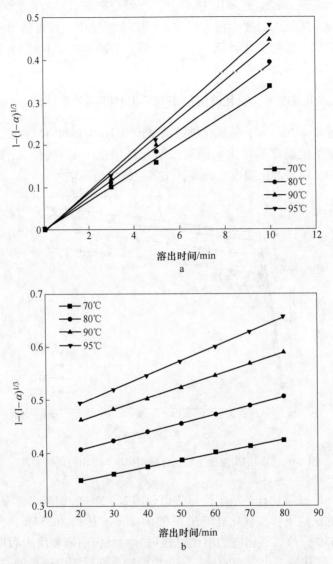

图 4-10 不同溶出温度下 $1-(1-\alpha)^{1/3}$ 与溶出时间 t 的关系

a—反应前段；b—反应后段

现象相符。

表 4-4 不同溶出温度下的表观反应速率常数和相关系数

溶出温度/℃	反应前段		反应后段	
	k/min^{-1}	R^2	k/min^{-1}	R^2
70	0.03372	0.99896	0.00129	0.99836

溶出温度/℃	反应前段		反应后段	
	$k/\min^{-1}$	R^2	$k/\min^{-1}$	R^2
80	0.03958	0.99859	0.00167	0.99987
90	0.04506	0.99674	0.00214	0.99896
95	0.04874	0.99499	0.00271	0.9973

将不同溶出温度条件下的表观反应速率常数代入 Arrhenius 方程可计算表观反应活化能：

$$k = A\exp\left(-\frac{E_a}{RT}\right) \tag{4-4}$$

$$\ln k = -\frac{E_a}{RT} + \ln A \tag{4-5}$$

式中，k 为表观反应速率常数；E_a 为表观反应活化能，J/mol；R 为摩尔气体常数，8.314J/mol；T 为热力学温度，K；A 为频率因子。

将 $\ln k$ 对 T^{-1} 作图，结果如图 4-11 所示，反应前期、反应后期分别为一条直线。由直线斜率，求得对应的表观反应活化能 E_a 分别为 15.24kJ/mol、29.94kJ/mol。此溶出过程可描述为

反应前期： $1-(1-\alpha)^{1/3}=7.074\times\exp[-15239/(RT)]t$

反应后期： $1-(1-\alpha)^{1/3}=2.18\times10^{-2}\times\exp[-29940/(RT)]t$

式中，α 为二氧化硅的溶出率；R 为摩尔气体常数，8.314J/mol；T 为热力学温度，K；t 为反应时间，min。

提高二氧化硅溶出率的途径主要有：提高溶出温度、加强搅拌、提高溶出剂浓度、降低颗粒的原始半径。故下面考察上述因素对二氧化硅溶出率的影响。

4.2.5 不同搅拌速度下二氧化硅溶出率与溶出时间的关系

在溶出温度95℃、氢氧化钠溶液浓度 0.2mol/L 和熟料粒度 74~89μm 的条件下，考察二氧化硅溶出率和搅拌速度、溶出时间的关系。由图 4-12 可知，搅拌速度对二氧化硅溶出率有一定的影响。随着搅拌速度的增强，二氧化硅溶出率增大。由于增强搅拌速度加大了焙烧熟料与碱溶液的接触机会，加快了可溶性组分在溶液中的分散速率，故促进溶出。

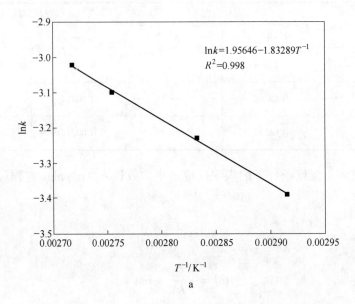

a

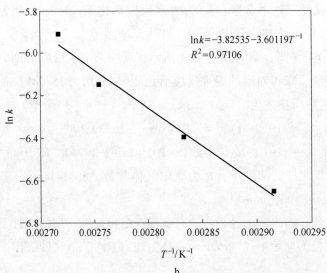

b

图 4-11 $\ln k$ 与 T^{-1} 的关系

a—反应前段；b—反应后段

将图 4-12 中的数据用式 $1-(1-\alpha)^{1/3}$ 进行处理，结果如图 4-13 所示。由图可知，$1-(1-\alpha)^{1/3}$ 与溶出时间 t 在各搅拌速度下皆呈现良好的线性关系。

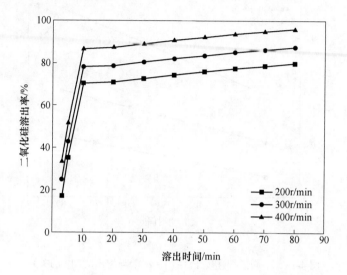

图 4-12 不同搅拌速度下二氧化硅溶出率与溶出时间的关系

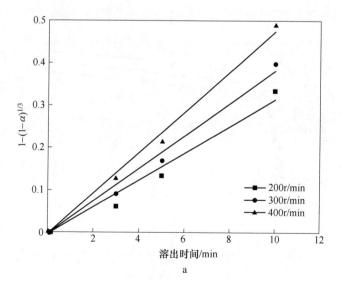

a

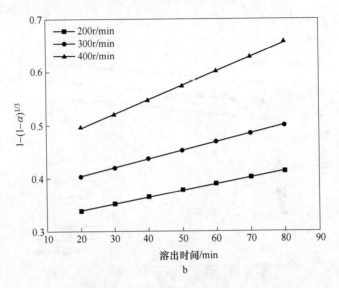

图 4-13 不同搅拌速度下 $1-(1-\alpha)^{1/3}$ 与溶出时间 t 的关系

a—反应前段；b—反应后段

4.2.6 不同氢氧化钠溶液浓度下二氧化硅溶出率与溶出时间的关系

在溶出温度 95℃、搅拌速度 400r/min 和熟料粒度 74~89μm 的条件下，考察氢氧化钠溶液浓度和溶出时间对二氧化硅溶出率的影响，结果如图 4-14 所示。

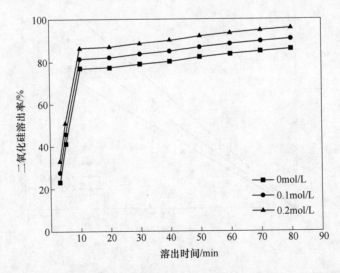

图 4-14 不同氢氧化钠溶液浓度下二氧化硅溶出率与溶出时间的关系

由图 4-14 可知，在氢氧化钠溶液浓度低于 0.2mol/L 时，随着氢氧化钠溶液浓度的增大，二氧化硅溶出率明显升高。在保证较高溶出率的前提下尽可能的降低氢氧化钠溶液浓度，故氢氧化钠溶液浓度 0.2mol/L 为宜。

将图 4-14 中的数据用式 $1-(1-\alpha)^{1/3}$ 进行处理，结果如图 4-15 所示。由图可知，$1-(1-\alpha)^{1/3}$ 与溶出时间 t 在各氢氧化钠浓度下皆呈现良好的线性关系。

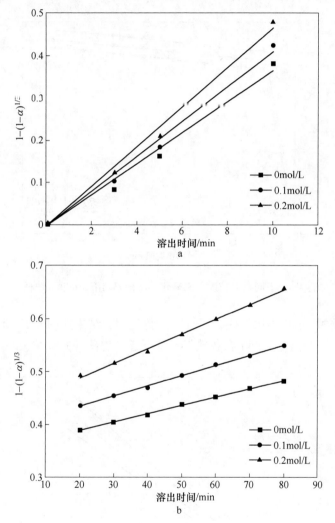

图 4-15　不同氢氧化钠溶液浓度下 $1-(1-\alpha)^{1/3}$ 与溶出时间 t 的关系

a—反应前段；b—反应后段

4.2.7　不同熟料粒度下二氧化硅溶出率与溶出时间的关系

图 4-16 所示为溶出温度 95℃、搅拌速度 400r/min 和氢氧化钠溶液浓度

0.2mol/L 的条件下，熟料粒度、溶出时间与二氧化硅溶出率的关系曲线。由图 4-15 可知，随着焙烧熟料粒度的减小，二氧化硅溶出率增大。说明熟料粒度对二氧化硅溶出率有一定的影响。这是由于化学反应速率与熟料颗粒的比表面积成正比，熟料粒度减小，增加了接触面积，提高了反应速率，进而提高了二氧化硅的溶出率。

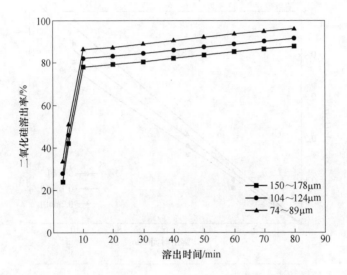

图 4-16 不同熟料粒度下二氧化硅溶出率与溶出时间的关系

将图 4-16 中的数据用式 $1-(1-\alpha)^{1/3}$ 进行处理，结果如图 4-17 所示。由图可知，$1-(1-\alpha)^{1/3}$ 与溶出时间 t 在各熟料粒度下皆呈现良好的线性关系。

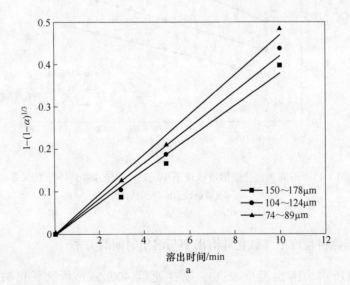

a

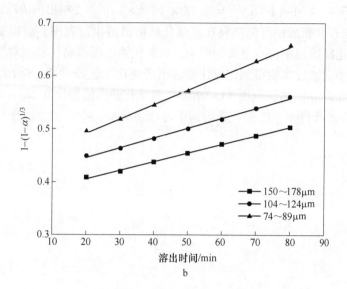

图 4-17　不同熟料粒度下 $1-(1-\alpha)^{1/3}$ 与溶出时间 t 的关系

a—反应前段；b—反应后段

4.3　小结

本章对钾长石中温碱性焙烧法提取二氧化硅，即对碳酸钠焙烧过程和焙烧熟料的溶出过程的反应机理进行研究，得到以下结论：

（1）通过对碳酸钠焙烧法从钾长石中提取二氧化硅过程的研究，得到以下结论：

1）在所有的实验条件下，得到的实验数据均符合 $1-(1-\alpha)^{1/3}=kt$ 方程。由 Arrhenius 方程得到反应的表观活化能为 188.13kJ/mol。焙烧过程可描述为

$$1-(1-\alpha)^{1/3}=3.12\times10^5\times\exp[-188130/(RT)]t$$

2）钾长石和碳酸钠中温焙烧过程中，反应温度对二氧化硅提取率有显著影响。反应温度高、碱矿摩尔比大、矿物粒度小有利于焙烧的进行。通过实验得到二氧化硅焙烧的优化工艺条件即：碱矿摩尔比 1.2∶1，反应温度 875℃，反应时间 80min，矿物粒度 74~89μm，在此条件下，二氧化硅的提取率达到 98.13%。

（2）通过对碳酸钠与钾长石的焙烧熟料溶出过程的研究，得到以下结论：

1）溶出过程分为两个阶段，在所有的实验条件下，得到的实验数据均符合 $1-(1-\alpha)^{1/3}=kt$ 方程。由 Arrhenius 方程得到反应的表观活化能分别为 15.24kJ/mol，29.94kJ/mol。溶出过程可描述为

反应前期：　$1-(1-\alpha)^{1/3}=7.074\times\exp[-15239/(RT)]t$

反应后期： $1-(1-\alpha)^{1/3} = 2.18 \times 10^{-2} \times \exp[-29940/(RT)]t$

2）钾长石和碳酸钠焙烧熟料在氢氧化钠溶液溶出过程中，溶出温度和搅拌速度对二氧化硅溶出率均有显著的影响。氢氧化钠浓度和熟料粒度对二氧化硅溶出率影响较小。通过实验得到二氧化硅溶出的优化工艺条件即：溶出温度95℃、搅拌速度400r/min、熟料粒度74~89μm、氢氧化钠溶液浓度0.2mol/L和溶出时间80min。在此条件下，二氧化硅溶出率可达到99%。

5　二氧化硅产品的制备

5.1　引言

超细二氧化硅是一种无毒、无味、无污染的非金属材料。由于颗粒尺寸的微细化，比表面积大量增加，使得超细二氧化硅粒子具有许多独特的性能。在催化剂载体、化工、医药、固体填料等领域得到了广泛应用[103~105]。

活性硅酸钙又称高分散硅酸钙，是一种新型硅酸盐产品。它无味无毒，不溶于水、碱及有机物，能溶于酸中。由于其粒度极细，除大量作为塑料、橡胶制品的补强剂外，在涂料、造纸、油墨、医药、冶金、农药、建材等方面也得到了广泛应用[192~195]。

本章研究利用钾长石焙烧熟料碱溶后得到的硅酸钠溶液制备二氧化硅产品。硅酸钠溶液可以通过分步碳分制备超细二氧化硅或通过添加石灰乳制备轻质硅酸钙。本章将对超细二氧化硅和轻质硅酸钙的制备条件逐一研究，给出最佳的工艺条件。

5.2　实验原料

来自钾长石焙烧熟料碱溶后得到的硅酸钠溶液，其化学成分见表 5-1；CO_2 气体；去离子水为实验室自制；碳酸钙、盐酸、酚酞、氨水、钼酸铵、乙醇等分析检测试剂为分析纯。

表 5-1　硅酸钠溶液的成分　　　　　　　　　　　　（g/L）

成分	SiO_2	Na_2O	Al_2O_3	K_2O	Fe_2O_3
含量	69	11.26	0.24	0.32	0.28

5.3　实验设备与分析仪器

采用日本理学公司的 D/max-2500PC 型 X 射线衍射仪分析超细二氧化硅和硅酸钙的物相结构。使用 Cu 靶 K_α 辐射，波长 $\lambda = 1.544426 \times 10^{-10}$ m，工作电压：40kV，2θ 衍射角扫描范围：10°~90°，扫描速度：0.033(°)/s。采用美国 Perkin-Elmer 公司的 Optima4300DV 型电感耦合等离子体发射光谱仪分析超细二氧化硅和硅酸钙的化学成分。采用 SSX-550 型扫描电子显微镜和 Ultra Plus 型场发射扫描电镜对超细二氧化硅和硅酸钙的形貌进行分析，测定条件为：工作电压：15kV，加速电流：15mA，工作距离：17mm。Nicolet380FT-IR 红外光谱仪分析超细二氧化硅结构。本章所用实验设备见表 5-2。

表 5-2　实验设备

设备名称	生产厂家	型号
电子天平	北京赛多利斯仪器系统有限公司	BS124S 型
电子天平	上海精密科学仪器有限公司	YP1002N 型
电热恒温水浴锅	北京市永光明医疗仪器有限公司	XMTD-4000 型
搅拌器	沈阳工业大学	J100 型
搅拌器数显调节仪	沈阳工业大学	MODELW-02
智能温度控制仪	沈阳东北大学冶金物理化学研究所	ZWK-1600 型
镍铬-镍硅热电偶	沈阳虹天电气仪表有限公司	WRNK-131 型
循环水式真空泵	巩义市予华仪器有限公司	SHE-D（Ⅲ）型
电热恒温鼓风干燥箱	上海一恒科技有限公司	DHG-9070A 型
马弗炉	沈阳长城工业电炉厂	SRJX-4-13 型
工业 pH 计	上海力达仪器设备有限公司	WB4PHG1000 型

5.4　超细二氧化硅的制备

5.4.1　超细二氧化硅的制备原理

碳分法生产二氧化硅就是利用硅酸钠溶液与酸性气体二氧化碳反应生成二氧化硅沉淀的方法。在碳分中发生的化学反应如下：

主反应：

$$Na_2O \cdot mSiO_2 + CO_2 + nH_2O \Longrightarrow Na_2CO_3 + mSiO_2 \cdot nH_2O \tag{5-1}$$

$$mSiO_2 \cdot nH_2O \Longrightarrow mSiO_2 \cdot xH_2O + (n-x)H_2O \tag{5-2}$$

副反应：

$$Na_2CO_3 + CO_2 + H_2O \Longrightarrow 2NaHCO_3 \tag{5-3}$$

传统碳分工艺是将碳酸化反应一步完成，溶液中的杂质离子如铝、铁离子被生成的二氧化硅吸附、包覆后一起沉淀下来，降低了产品二氧化硅粉体的纯度[111~115]。分步碳分工艺引进碳分除杂工序,以溶液 pH 值为依据,当 pH 值达到 10.9~11 时,第一步碳分结束,过滤分离后,得到第一次碳分产物和滤液。在第一步碳分过程中,溶液中的杂质离子如铝和铁,以高度发散的、表面活性大和吸附能力强的沉淀形式析出,它们能够强烈地吸附溶液中生成的二氧化硅和其他杂质并共同沉淀下来,达到除杂的目的。第二步碳分即将除杂后的滤液再次碳分,控制碳分终点 pH 值为 9.0~9.5,碳分结束后过滤分离,得到高纯二氧化硅产品和含碳酸钠的溶液。

5.4.2 超细二氧化硅的制备步骤

将一定量的硅酸钠溶液置于 1L 的三颈烧瓶中,三颈烧瓶瓶口装有冷凝回流装置。用水银温度计读取溶液的真实温度,将装置放入恒温水浴锅中,温度偏差 ±0.5℃。当达到设定温度,通入浓度为 38% 的 CO_2 气体,控制一定的流速。用 pH 计检测溶液 pH 值,当溶液 pH 值达到 10.9~11.0 时,停止反应,过滤分离。得到的滤液以同条件进行第二次碳分,当溶液 pH 值达到 9.0~9.5 时,停止反应,过滤分离,得到二氧化硅粉体和含碳酸钠的溶液。将二氧化硅粉体用去离子水多次洗涤,烘干,煅烧后即得沉淀二氧化硅产品。

采用紫外分光光度法[175]测定碳分后所得溶液的二氧化硅含量,并按式 (5-4) 计算二氧化硅沉淀率。

$$\alpha_{SiO_2} = \left(1 - \frac{m'_{SiO_2}}{m_{SiO_2}}\right) \times 100\% \tag{5-4}$$

式中,α_{SiO_2} 为二氧化硅沉淀率;m'_{SiO_2} 为反应后溶液中二氧化硅的质量,g;m_{SiO_2} 为反应前溶液中二氧化硅的质量,g。

用 GSK-101B$_1$ 激光粒度分布测量仪测定产品二氧化硅的颗粒粒度。

5.4.3 二次碳分终点 pH 值对二氧化硅沉淀率和粒度的影响

在碳分温度 50℃、CO_2 流速 6mL/min、搅拌速度 600r/min、乙醇和水体积比 1:9 的条件下,考察二次碳分终点 pH 值对二氧化硅的沉淀率和二氧化硅粉体粒度的影响,结果如图 5-1 所示。

由图 5-1 可知,随着二次碳分终点 pH 值的不断减小,二氧化硅的沉淀率增大。当二次碳分终点 pH 值达到 9.0 时,二氧化硅的沉淀率达到 99.8%。这是因为随着 CO_2 的通入,反应 (5-1) 和反应 (5-2) 开始发生,生成二氧化硅粉体。再降低二次碳分终点 pH 值,对二氧化硅的沉淀率影响不大,并导致副反应的发生和物料的浪费。由图 5-1 也可知二次碳分终点 pH 值对二氧化硅粉体粒度的影响。随着二次碳分终点 pH 值的不断减小,二氧化硅粉体粒度曲线先下降后上升,在二次碳分终点 pH 值达到 9.0 时,二氧化硅粉体粒度最小。考虑到提高二氧化硅沉淀率的同时降低二氧化硅粉体粒度，故二次碳分终点 pH 值选择 9.0。

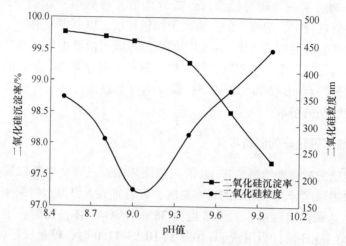

图 5-1 二次碳分终点 pH 值对二氧化硅沉淀率和粒度的影响

5.4.4 碳分温度对二氧化硅沉淀率和粒度的影响

在二次碳分终点 pH 值 9.0、CO_2 流速 6mL/min、搅拌速度 600r/min、乙醇和水体积比 1∶9 的条件下，考察碳分温度对二氧化硅的沉淀率和二氧化硅粉体粒度的影响，结果如图 5-2 所示。

由图 5-2 可知，碳分温度对二氧化硅沉淀率的影响较小，但对二氧化硅粉体粒度的影响较大。随着碳分温度的不断升高，二氧化硅粉体的粒度增大。当碳分温度较低时，反应速率缓慢，需要较长的反应时间并且容易生成凝胶状态的二氧化硅，不利于过滤分离。这是因为 CO_2 与硅酸钠接触发生反应的同时，在硅酸钠胶凝沉淀的表面生成了一层碳酸钠薄膜，温度较低时，溶液黏度大，导致 CO_2 不能立即渗入硅酸钠内部，引起了胶凝。但当碳分温度超过 50℃，粉体粒度急剧增大。这是由于碳分温度的升高，加速了二氧化硅颗粒在溶液中的熟化，生成大量二氧化硅晶核的同时很快聚合。故低温有利于颗粒粒径的控制和分散度的调整。但碳分过程是放热过程，高温不利于反应的进行。综上考虑碳分温度选择 50℃ 为佳。

5.4.5 CO_2 流速对二氧化硅沉淀率和粒度的影响

在二次碳分终点 pH 值 9.0、碳分温度 50℃、搅拌速度 600r/min、乙醇和水体积比 1∶9 的条件下，考察 CO_2 流速对二氧化硅的沉淀率和二氧化硅粉体粒度的影响，结果如图 5-3 所示。

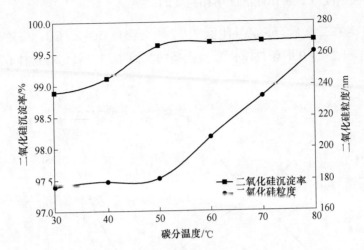

图 5-2　碳分温度对二氧化硅沉淀率和粒度的影响

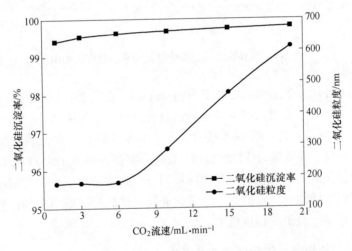

图 5-3　CO_2 流速对二氧化硅沉淀率和粒度的影响

由图 5-3 可知，在不同的 CO_2 流速条件下，二氧化硅沉淀率变化不大。然而随着 CO_2 流速的不断增大，二氧化硅粉体的粒度增大。当 CO_2 流速较小时，溶液中的 CO_2 浓度较低，生成的二氧化硅粉体的粒度较小且团聚较弱。随着 CO_2 流速的增大，溶液中的 CO_2 浓度增大，溶液局部 pH 值瞬间变化较大，导致粉末硬团聚的发生。因此，实验中应采用较低的 CO_2 流速有利于对颗粒粒径的控制，CO_2 流速选择 6mL/min。

5.4.6 搅拌速度对二氧化硅沉淀率和粒度的影响

图 5-4 为在二次碳分终点 pH 值 9.0、碳分温度 50℃、CO_2 流速 6mL/min、乙醇和水体积比 1:9 的条件下，二氧化硅的沉淀率和二氧化硅粉体粒度与搅拌速度的关系曲线。

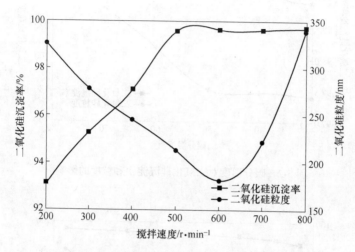

图 5-4   搅拌速度对二氧化硅沉淀率和粒度的影响

由图 5-4 可知，在搅拌速度低于 500r/min 时，随着搅拌速度的增大，二氧化硅沉淀率明显提高。再增大搅拌速度对二氧化硅沉淀率影响较小。这是因为在搅拌速度达到 500r/min 时，溶液体系中有足够的悬浮颗粒参与反应。随着搅拌速度的增大，粉体粒度先减小后增大。这是因为搅拌速度在 600r/min 以下时，搅拌速度增大使生成的二氧化硅粒子能够均匀分散到溶液中，从而抑制了粒子的团聚。当搅拌强大增加到一定值时，二氧化硅粒子彼此接触概率增加，粒子聚合概率增加，从而导致粒子的粒度增大。

5.4.7 分散剂乙醇对二氧化硅粒度的影响

由图 5-5 可以看出分散剂乙醇对二氧化硅粒度的影响。当体系中添加分散剂乙醇时，生成了较小的且高度分散的二氧化硅粉体。这是因为硅酸钠在水溶液中酸化时，-ONa 转化成-OH，生成了一种具有较大比表面积的微粒。在它的表面吸附有大量的水，如果失水，颗粒之间的结合就会迅速发生，增长成粗大的颗粒。因此，要得到较小的颗粒就要在这一时期采取有效措施避免这种结合的发生。极性分子乙醇可以与二氧化硅分子中的顶氧生成氢键，阻碍硅-氧联结，起到隔离的作用，从而制得小颗粒二氧化硅。

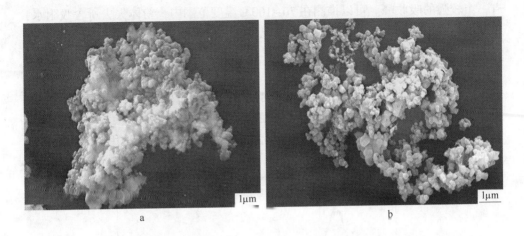

图 5-5 未加乙醇分散剂（a）和加乙醇分散剂（b）生成的二氧化硅 SEM 图像

5.4.8 二氧化硅脱羟基

生成的二氧化硅颗粒中存在大量羟基和分散剂乙醇，要得到较纯净的二氧化硅粉体必须将其除去。本实验采用煅烧工艺进行除杂提纯。在煅烧过程中，如果温度过高将导致颗粒烧结。所以在煅烧前应采用热重-差热分析来确定适合的煅烧温度。图 5-6 为二氧化硅粉体的热重-差热曲线。

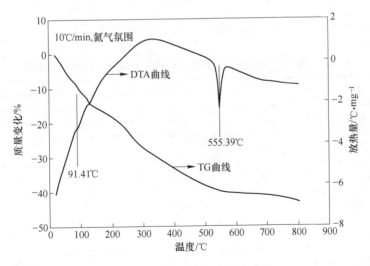

图 5-6 二氧化硅的热重-差热曲线

由 DTA 曲线可以看出，粉体在 91.41℃处有一个微弱的吸收峰，555.39℃处有一个较强的吸收峰。可以推测在 70~100℃ 温度范围内，粉体失去所含吸附水，温度加热到 500~600℃，粉体中的羟基已脱除。故煅烧温度选择 600℃。

5.4.9 超细二氧化硅的表征

图 5-7 为超细二氧化硅的 X 射线衍射图。由图可知，粉体中没有出现尖锐的晶体衍射峰，不含结晶相，为不含结晶相的无定形非晶体结构。表 5-3 为超细二氧化硅的检测结果和 HG/T 3065—1999 标准对比。由表可见，采用碳分法制备的超细二氧化硅符合行业的标准。

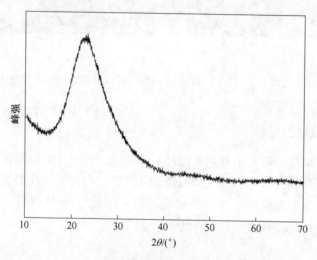

图 5-7 超细二氧化硅的 XRD 图谱

表 5-3 超细二氧化硅的检测结果和 HG/T 3065—1999 标准对比

项 目	标准参数（HG/T 3065—1999）	检测结果
SiO_2 的质量分数/%	≥90	99.16
pH 值	5.0~8.0	7.4
水分（附着水）/%	4.0~8.0	6.3
烧失量/%	≤7.0	6.0
DBP 的吸收值/$cm^3 \cdot g^{-1}$	2.0~3.5	2.9
比表面积/$m^2 \cdot g^{-1}$	70~200	161

图 5-8a 和 b 为煅烧前、后的超细二氧化硅的红外光谱图。比较可知，煅烧后，450cm^{-1} 处的 Si—O—Si 弯曲振动吸收峰和 1050~1100cm^{-1} 处的 Si—O—Si 的

对称和反对称伸缩振动吸收峰增强。在 1600~1700cm⁻¹ 处和 3500cm⁻¹ 处 Si—OH 的弯曲振动吸收峰和吸附水的吸收峰消失。在 2850~2950cm⁻¹ 和 1500cm⁻¹ 处碳链引起的吸收峰也消失。表明通过煅烧，样品中的羟基和吸附水已被彻底去除。二氧化硅粉体的各吸收峰与二氧化硅标准图谱一致。

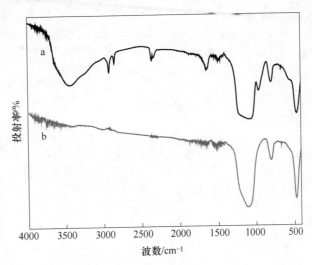

图 5-8　煅烧前（a）和煅烧后（b）的超细二氧化硅的红外光谱图

5.5　轻质硅酸钙的制备

5.5.1　轻质硅酸钙的制备原理

沉淀法生产轻质硅酸钙就是利用硅酸钠溶液与石灰乳反应生成硅酸钙沉淀的方法。在制备过程中发生的主要反应如下：

$$CaCO_3 \Longrightarrow CaO + CO_2 \uparrow \tag{5-5}$$
$$Na_2O \cdot mSiO_2 + mCaO + H_2O \Longrightarrow m(CaO \cdot SiO_2) + 2NaOH \tag{5-6}$$

5.5.2　轻质硅酸钙的制备步骤

将碳酸钙置于马弗炉中，当炉内温度达到 1000℃ 时，开始计时，煅烧 2h 后取出。此时得到具有较高活性的氧化钙。将一定质量的活性氧化钙加入去离子水中制备石灰乳液。将一定量经过碳分除杂的硅酸钠精液置于恒温水浴中，当达到指定温度，开始搅拌并缓慢地加入石灰乳液。搅拌一段时间后，过滤分离。滤饼经多次洗涤、干燥，得到产品硅酸钙。滤液为氢氧化钠溶液，可作为钾长石焙烧熟料的碱溶出母液使用。采用紫外分光光度法[175]测定反应后所得溶液的二氧化硅含量，二氧化硅沉淀率计算同式（5-4）。

5.5.3 反应温度对二氧化硅沉淀率的影响

在钙硅摩尔比 1:1、搅拌速度 500r/min、反应时间 1h 的条件下，考察反应温度对二氧化硅沉淀率的影响，结果如图 5-9 所示。

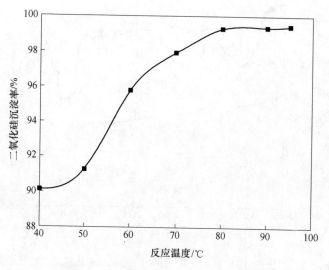

图 5-9 反应温度对二氧化硅沉淀率的影响

由图 5-9 可知，反应温度对二氧化硅沉淀率的影响较大，随着反应温度的升高，二氧化硅沉淀率不断增大，在反应温度达到 80℃时，二氧化硅沉淀率趋于稳定。这是因为反应温度的升高增加了反应体系的活化分子数，从而提高了反应速率，即提高了二氧化硅的沉淀率。但反应物 $Ca(OH)_2$ 的溶解度随反应温度升高而减小，故高温不利于 $Ca(OH)_2$ 的溶解和反应的进行。故反应温度选择 80℃为宜。

5.5.4 钙硅摩尔比对二氧化硅沉淀率的影响

图 5-10 为在反应温度 80℃、搅拌速度 500r/min、反应时间 1h 的条件下，钙硅摩尔比对二氧化硅沉淀率的影响曲线。由图可知，二氧化硅沉淀率随着钙硅摩尔比的增加而提高，在钙硅摩尔比 1:1 时达到平台点，即二氧化硅沉淀率趋于稳定，再增加钙硅摩尔比对二氧化硅沉淀率影响不大。这是因为当钙硅摩尔比较低时，钙量不足，二氧化硅反应不完全。随着钙硅摩尔比的增加，反应能够更好地进行；但过大的钙硅摩尔比将会导致物料的浪费和产品硅酸钙品质的下降。故钙硅摩尔比 1:1 较为合适。

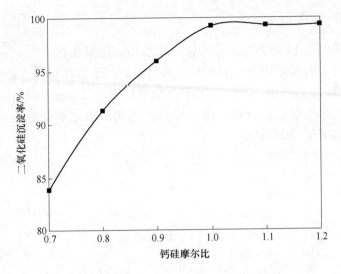

图 5-10 钙硅摩尔比对二氧化硅沉淀率的影响

5.5.5 反应时间对二氧化硅沉淀率的影响

在反应温度 80℃，钙硅摩尔比 1：1，搅拌速度 500r/min 的条件下，反应时间与二氧化硅沉淀率的关系如图 5-11 所示。由图 5-11 可知，随着反应时间的延长，二氧化硅沉淀率逐渐增大。当反应时间超过 40min，二氧化硅沉淀率趋于平稳。表明反应时间 40min 已经满足反应的进行。考虑到效率及能耗，选择反应时间 40min 较为适宜。

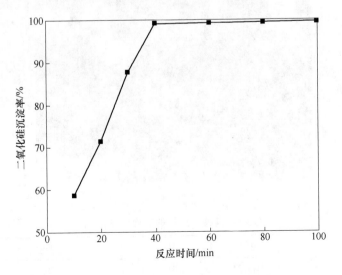

图 5-11 反应时间对二氧化硅沉淀率的影响

5.5.6　硅酸钙的表征

图 5-12 和图 5-13 分别为硅酸钙的 X 射线衍射图谱和扫描电子显微镜照片。由图 5-12 可知，样品中出现衍射峰与硅酸钙的特征衍射峰相符，表明该样品为目的产物硅酸钙。由图 5-13 可知，得到的硅酸钙颗粒大小较为均匀，疏松多孔。表 5-4 为产品的化学成分分析。由表可见，氧化钙与二氧化硅的摩尔比接近1∶1，故得到的产品为硅酸钙。

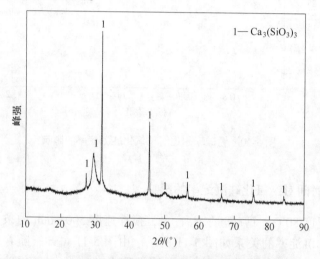

图 5-12　硅酸钙的 XRD 图谱

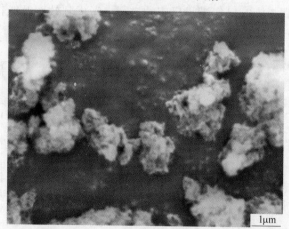

图 5-13　硅酸钙的 SEM 照片

表 5-4　硅酸钙产品的主要化学组成　　　　　　（质量分数,%）

成分	SiO_2	CaO	Al_2O_3	Na_2O	Fe_2O_3	K_2O
含量	46.58	44.84	0.21	0.32	0.12	0.33

5.6　小结

利用钾长石焙烧熟料碱溶后得到的硅酸钠溶液制备超细二氧化硅和轻质硅酸钙。

（1）采用分步碳分硅酸钠溶液制备超细二氧化硅。通过试验考察了二次碳分终点 pH 值、碳分温度、搅拌速度、CO_2 流速及分散剂的加入对二氧化硅的沉淀率和二氧化硅粉体粒度的影响，结果表明：在二次碳分终点 pH 值 9.0，碳分温度 50℃，CO_2 流速 6mL/min，搅拌速度 600r/min，加入体积比 1:9 乙醇和水的条件下，二氧化硅的沉淀率可达 99.8% 和二氧化硅粉体粒度为 200nm。制备的超细二氧化硅符合 HG/T 3065—1999 标准。

（2）采用高活性的氧化钙打乳后与硅酸钠溶液反应制备轻质硅酸钙产品。通过试验考察了反应温度、钙硅摩尔比、反应时间对二氧化硅的沉淀率的影响，结果表明：在反应温度 80℃，钙硅摩尔比 1:1，反应时间 40min，搅拌速度 500r/min 的条件下，二氧化硅的沉淀率可达 99.28%。

6　铝产品的制备

6.1　引言

本章采用酸化、水溶、沉铝、碱溶、碳分等工序处理钾长石焙烧熟料的碱溶渣，破坏其结构，提取其中的有价组元铝和铁，达到铝和铁与钾、钠分离的目的。本章研究了各工序中，各因素对铝提取率的影响，通过实验给出优化工艺条件。为新型铝原料——霞石的工业化应用提供了理论依据。

6.2　酸化

6.2.1　酸化实验原料与仪器

6.2.1.1　酸化实验原料

钾长石焙烧熟料的碱溶渣，其化学成分、物相组成及形貌分析见3.6.7节；去离子水为实验室自制；硫酸、甲基橙、二甲酚橙、冰乙酸、无水乙酸钠、氟化钾、硫酸锌、乙二酸四乙酸钠、氨水等分析检测试剂为分析纯。

6.2.1.2　酸化实验设备

酸化实验所用到的设备见表6-1。

表 6-1　实验设备

设备名称	生产厂家	型号
电子天平	北京赛多利斯仪器系统有限公司	BS124S 型
电子天平	上海精密科学仪器有限公司	YP1002N 型
电热恒温水浴锅	北京市永光明医疗仪器有限公司	XMTD-4000 型
搅拌器	沈阳工业大学	J100 型
搅拌器数显调节仪	沈阳工业大学	MODELW-02
循环水式真空泵	巩义市予华仪器有限公司	SHE-D（Ⅲ）型
电热恒温鼓风干燥箱	上海一恒科技有限公司	DHG-9070A 型

6.2.2 酸化实验原理

霞石是一种含有铝、钠和钾的硅酸盐，晶体属于六方晶系的架状结构。霞石可在酸性条件下溶解。发生的主要化学反应如下：

$$KAlSiO_4 + 4H^+ \Longrightarrow K^+ + Al^{3+} + H_4SiO_4 \downarrow \qquad (6-1)$$

$$NaAlSiO_4 + 4H^+ \Longrightarrow Na^+ + Al^{3+} + H_4SiO_4 \downarrow \qquad (6-2)$$

通过酸化、水溶、过滤等步骤，霞石中的铝、钾和钠进入溶液，硅在渣中富集。实现了硅与铝、钾、钠的分离。

6.2.3 酸化实验步骤

将钾长石焙烧熟料的碱溶渣与一定质量分数的硫酸，按一定的摩尔比（钾长石焙烧熟料的碱溶渣完全反应所消耗的硫酸的量计为 1）将物料混合均匀放在坩埚中，在空气气氛下常温反应一段时间后，加入一定量的去离子水，溶出，过滤分离。得到的滤液采用 EDTA 滴定法测定，铝的提取率计算如下：

$$\alpha_{Al} = 27CVV_0/(vm) \times 100\% \qquad (6-3)$$

式中，27 为铝的摩尔质量，g/mol；C 为硫酸锌溶液浓度，mol/L；V 为硫酸锌溶液体积，mL；V_0 为溶液总体积，L；v 为所取溶液体积，mL；m 为样品中铝质量，g。

6.2.4 酸矿摩尔比对铝提取率的影响

在酸化温度为常温，硫酸质量分数 70%，酸化时间 30min 的条件下，考察酸矿摩尔比对铝提取率的影响，结果如图 6-1 所示。

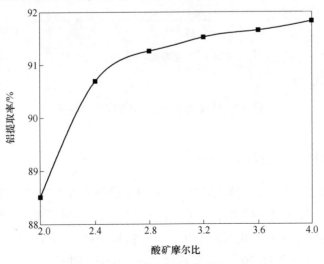

图 6-1　酸矿摩尔比对铝提取率的影响

由图 6-1 可知，铝的提取率随着酸矿摩尔比的增加而提高。这是因为随着酸矿摩尔比的增加，加大了分子之间的接触，增强了反应。当酸矿摩尔比为 2.4∶1 时达到平台点，即铝的提取率趋于稳定，再增加酸矿摩尔比对铝提取率影响不大且造成物料的浪费。故酸矿摩尔比选择 2.4∶1 较为合适。

6.2.5 硫酸质量分数对铝提取率的影响

图 6-2 为酸化温度为常温，酸矿摩尔比 2.4∶1，酸化时间 30min 时，硫酸质量分数与铝提取率的关系曲线。由图 6-2 可知，铝的提取率随着硫酸质量分数的增加而提高。但当硫酸质量分数超过 90% 时，后续水溶液过滤较为困难，故硫酸质量分数选择 90% 较为合适。

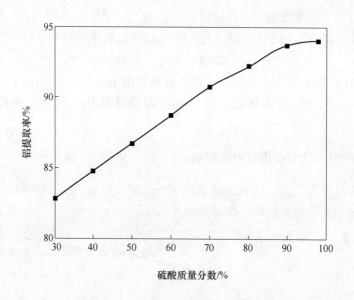

图 6-2 硫酸质量分数对铝提取率的影响

6.2.6 酸化时间对铝提取率的影响

在酸化温度为常温，酸矿摩尔比 2.4∶1，硫酸质量分数 90% 的条件下，考察酸化时间对铝提取率的影响，结果如图 6-3 所示。由图可知，酸化时间对铝提取率的影响不大，随着酸化时间的延长，铝提取率基本不变。酸化时间为 5min 时，铝提取率可达到 94.36%，这说明酸化过程短时间即可完成。

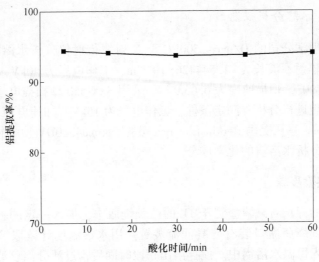

图 6-3　酸化时间对铝提取率的影响

6.3　水溶

6.3.1　水溶实验原料与仪器

6.3.1.1　水溶实验原料

酸化后的钾长石碱溶渣，去离子水为实验室自制；甲基橙、二甲酚橙、冰乙酸、无水乙酸钠、氟化钾、硫酸锌、乙二酸四乙酸钠、氨水等分析检测试剂为分析纯。

6.3.1.2　水溶实验设备

水溶实验所用设备见表6-2。

表 6-2　实验设备

设备名称	生产厂家	型号
电热恒温水浴锅	北京市永光明医疗仪器有限公司	XMTD-4000 型
搅拌器	沈阳工业大学	J100 型
搅拌器数显调节仪	沈阳工业大学	MODELW-02
循环水式真空泵	巩义市予华仪器有限公司	SHE-D（Ⅲ）型
电热恒温鼓风干燥箱	上海一恒科技有限公司	DHG-9070A 型

6.3.1.3 水溶分析仪器

采用日本理学公司的 D/max-2500PC 型 X 射线衍射仪分析水溶渣物相结构。使用 Cu 靶 K_α 辐射，波长 $\lambda = 1.544426 \times 10^{-10}$ m，工作电压为 40kV，2θ 衍射角扫描范围为 $10° \sim 90°$，扫描速度为 $0.033°/s$。采用 SSX-550 型扫描电子显微镜对水溶渣的微观形貌进行分析，测定条件：工作电压为 15kV，加速电流为 15mA，工作距离为 17mm。采用美国 Perkin-Elmer 公司的 Optima4300DV 型电感耦合等离子体发射光谱仪分析水溶渣的化学成分。

6.3.2 水溶实验步骤

将酸化后的钾长石碱溶渣置于 1L 的三颈烧瓶中，加入一定的去离子水，控制液固比，三颈烧瓶瓶口装有冷凝回流装置。用水银温度计读取溶液的真实温度，将装置放入恒温水浴锅中。搅拌溶出一段时间后，过滤分离，滤饼用去离子水洗涤 3 次后烘干备用。得到的滤液采用 EDTA 滴定法测定，铝的溶出率计算同式 (6-3)。

6.3.3 水溶温度对铝溶出率的影响

在水溶时间 60min、搅拌速度 400r/min、液固比 4.75：1 的条件下，考察水溶温度对铝溶出率的影响，结果如图 6-4 所示。由图可知，随着水溶温度的升高，铝溶出率增大。这是由于水溶温度升高使活化分子增加，从而提高反应速率。同时水溶温度升高增大了硫酸铝的溶解度，故升高水溶温度促进溶出进行。当水溶温度为 90℃ 时达到平台点，即铝的溶出率趋于稳定，故水溶温度选择 90℃。

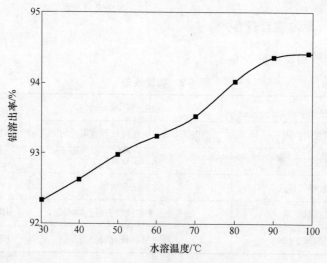

图6-4 水溶温度对铝溶出率的影响

6.3.4 水溶时间对铝溶出率的影响

图 6-5 为水溶温度 90℃、搅拌速度 400r/min、液固比 4.75∶1 时，水溶时间与铝溶出率的关系曲线。由图可知，随着水溶时间的延长，铝溶出率变化不大。水溶时间 10min，铝溶出率达到 95.74%。表明水溶时间 10min 已经满足反应的进行。考虑到效率及能耗，选择水溶出时间 10min 较为适宜。

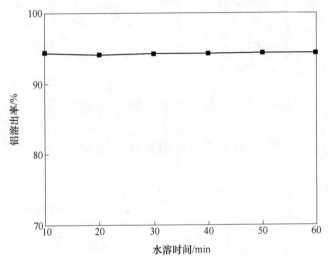

图 6-5　水溶时间对铝溶出率的影响

6.3.5 液固比对铝溶出率的影响

在水溶温度 90℃、水溶时间 10min、搅拌速度 400r/min 的条件下，考察液固比对铝溶出率的影响，结果如图 6-6 所示。由图可知，随着液固比的增加铝溶出率提高，在液固比 5.5∶1 时达到平台点，即铝溶出率趋于稳定，再增加液固比对铝溶出率影响不大。这是因为当液固比较低时，反应体系黏度较大，流动性较差，传质困难，不利于反应的进行；随着液固比的增大，体系黏度逐渐降低，液固界面间的传质阻力减小，物质间的扩散速度增大，且硫酸铝的溶解加大，使反应能够更好地进行，故液固比 5.5∶1 较为合适。

6.3.6 搅拌速度对铝溶出率的影响

图 6-7 为水溶温度 90℃、水溶时间 10min、液固比 5.5∶1 时，在搅拌速度 100~600r/min 范围内，搅拌速度对铝溶出率的影响曲线。

由图 6-7 可知，搅拌速度对铝溶出率的影响较大，随着搅拌速度的加强铝溶出率提高，在搅拌速度 400r/min 时，铝溶出率为 99.21%，达到平台点，即铝溶

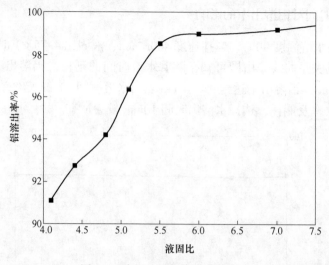

图 6-6 液固比对铝溶出率的影响

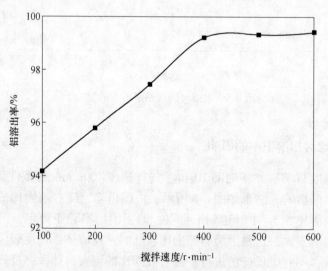

图 6-7 搅拌速度对铝溶出率的影响

出率趋于稳定，再加强搅拌速度对铝溶出率影响不大。考虑到提高铝溶出率的同时降低能量消耗，故搅拌速度选择 400r/min。

6.3.7 水溶渣的表征

在优化的酸化、水溶工艺条件下，即酸矿摩尔比 2.4：1、硫酸质量分数 90%、酸化时间 5min；水溶温度 90℃、水溶时间 10min、搅拌速度 400r/min、液固比 5.5∶1，得到水溶渣，对其化学成分进行分析，结果如表 6-3 所示。由表可见，水溶渣主要为 SiO_2，Al_2O_3、K_2O、Na_2O 和含量较少的 Fe_2O_3。每 100g 碱溶渣得水溶渣 41.36g。碱溶渣中的 Al_2O_3、K_2O、Na_2O 和 Fe_2O_3 进入溶液中，SiO_2 在水溶渣中富集。图 6-8 为水溶渣的 X 射线衍射图谱。由图可知，样品中没有出现尖锐的晶体衍射峰，得到的水溶渣为不含结晶相的无定形结构。图 6-9 为水溶渣的 SEM 照片。由图可见，水溶渣颗粒呈不规则形状且大小不一。

表 6-3   水溶渣的主要化学组成　　　　　　　（质量分数,%）

成分	SiO_2	Na_2O	Al_2O_3	K_2O	Fe_2O_3	CaO	SO_2
含量	92.46	0.38	0.67	0.78	0.06	2.64	3.01

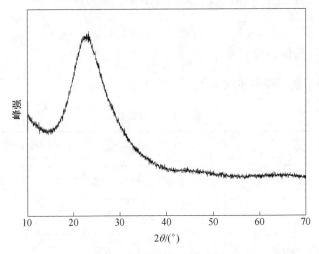

图 6-8   水溶渣的 XRD 图谱

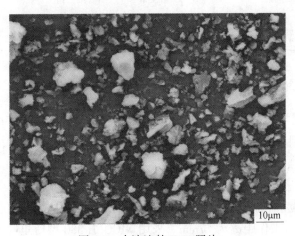

图 6-9   水溶渣的 SEM 照片

6.4　沉铝

6.4.1　沉铝实验原料与仪器

6.4.1.1　沉铝实验原料

钾长石的碱溶渣经酸化、水溶、过滤后得到的溶液。溶液中铝含量为 33.44g/L，钾含量为 24.11g/L，钠含量为 10.36g/L，全铁含量为 1.62g/L，溶液的 pH 值为 2。

去离子水为实验室自制；碳酸钠、30%过氧化氢、硫酸锌、乙二酸四乙酸钠、甲基橙、二甲酚橙、冰乙酸、无水乙酸钠、氟化钾、氨水等分析检测试剂为分析纯。

6.4.1.2　沉铝实验设备

沉铝实验用到的设备见表 6-4。

表 6-4　实验设备

设备名称	生产厂家	型号
电热恒温水浴锅	北京市永光明医疗仪器有限公司	XMTD-4000 型
搅拌器	沈阳工业大学	J100 型
搅拌器数显调节仪	沈阳工业大学	MODELW-02
循环水式真空泵	巩义市予华仪器有限公司	SHE-D（Ⅲ）型
电热恒温鼓风干燥箱	上海一恒科技有限公司	DHG-9070A 型

6.4.1.3　沉铝分析仪器

采用日本理学公司的 D/max-2500PC 型 X 射线衍射仪分析样品物相结构。使用 Cu 靶 K_α 辐射，波长 $\lambda = 1.544426 \times 10^{-10}$ m，工作电压为 40kV，2θ 衍射角扫描范围为 10°~90°，扫描速度为 0.033（°）/s。采用美国 Perkin-Elmer 公司的 Optima4300DV 型电感耦合等离子体发射光谱仪分析样品的化学成分。采用 SSX-550 型扫描电子显微镜对样品的微观形貌进行分析，测定条件：工作电压为 15kV，加速电流为 15mA，工作距离为 17mm。采用 NICOLE-380 型傅里叶变换红外光谱仪检测样品结构，GSK-101B$_1$激光粒度分布测量仪及 WSB-1 白度计测定样品粒度和白度。

6.4.2 沉铝实验原理

在相同条件下，$Fe(OH)_3$ 比 $Fe(OH)_2$ 先析出。为了使 Fe 在较低的 pH 值下以更难溶的化合物形态沉淀，故在沉淀前把溶液中低价态的 Fe^{2+} 离子氧化成高价态的 Fe^{3+} 离子，以确保沉淀完全[196~198]。加入氧化剂 H_2O_2 后，发生的反应如下：

$$2FeSO_4 + H_2SO_4 + H_2O_2 \rule{1.5cm}{0.4pt} Fe_2(SO_4)_3 + 2H_2O \tag{6-4}$$

溶液中被氧化形成的 $Fe_2(SO_4)_3$ 可与 Na_2CO_3 在较低的 pH 值条件下发生化学反应，反应式如下：

$$Fe_2(SO_4)_3 + 3Na_2CO_3 + 3H_2O \rule{1.5cm}{0.4pt} 3Na_2SO_4 + 2Fe(OH)_3\downarrow + 3CO_2\uparrow \tag{6-5}$$

过滤分离后得到的溶液中 $Al_2(SO_4)_3$ 与 Na_2CO_3 可发生化学反应，反应式如下：

$$Al_2(SO_4)_3 + 3Na_2CO_3 + 3H_2O \rule{1.5cm}{0.4pt} 3Na_2SO_4 + 2Al(OH)_3\downarrow + 3CO_2\uparrow \tag{6-6}$$

而 K_2SO_4、Na_2SO_4 不参与反应，反应结束后 Al 以 $Al(OH)_3$ 的形式析出，实现了铝与钾、钠的分离。

6.4.3 沉铝实验步骤

将加入过氧化氢氧化后的酸化溶液置于 1L 的三颈烧瓶中。三颈烧瓶瓶口装有冷凝回流装置，用水银温度计读取溶液的真实温度。将装置放入恒温水浴锅中，当达到设定温度后，边搅拌边缓慢滴加碳酸钠溶液，调节溶液的 pH 值到某值，停止搅拌，取出、过滤分离。得到的滤液继续反应，步骤同上。当溶液的 pH 值到某值，继续搅拌陈化一段时间，过滤分离，滤饼用去离子水洗涤 3 次后烘干得到高纯氢氧化铝。得到的滤液采用 EDTA 滴定法测定，铝的沉淀率计算如下：

$$\alpha_{Al} = \left(1 - \frac{m'_{Al}}{m_{Al}}\right) \times 100\% \tag{6-7}$$

式中，α_{Al} 为铝的沉淀率；m'_{Al} 为反应后溶液中铝的质量，g；m_{Al} 为反应前溶液中铝的质量，g。

6.4.4 溶液终点 pH 值对铝沉淀率和氢氧化铝粒度的影响

在沉铝温度 50℃、陈化时间 60min、碳酸钠浓度 100g/L 的条件下，考察溶液终点 pH 值对铝沉淀率的影响，结果如图 6-10 所示。

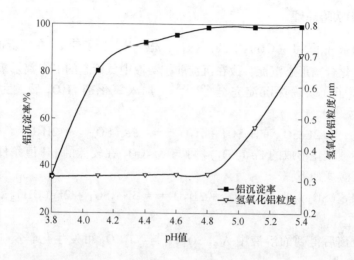

图 6-10 溶液终点 pH 值对铝沉淀率和氢氧化铝粒度的影响

由图可见，随着溶液终点 pH 值的增加，铝沉淀率增大。这是因为随着碳酸钠溶液的不断加入，使溶液的 pH 值升高，促使反应进行，促进溶液中的硫酸铝与碳酸钠反应生成高度分散、表面活性大且吸附能力强的氢氧化铝。在溶液终点 pH 值达到 4.8 时，铝沉淀率趋于稳定，再增大溶液的 pH 值，对铝沉淀率影响不大，并且造成了物料的浪费。

另一方面由沉淀过程的成核理论可知，晶核生成速率和生长速率都随着饱和度 lnS 的增加而增加，但 lnS 对成核过程的影响更大[199,200]。当溶液中铝的浓度一定时，pH 值上升，OH⁻浓度越大，过饱和度增加，成核速率的增加大于生长速率的增加，有利于生成粒度细小的颗粒。但随着碳酸钠量的增加，过饱和度进一步提高，生长速率大于成核速率，有利于生成颗粒大的氢氧化铝[201]。保证在较大铝沉淀率的前提下得到较小的氢氧化铝，故选用 pH 值 4.8 为宜。

晶核生成速率 $\qquad N = A\exp\dfrac{-16\pi\sigma^3 M^2}{3R^3 T^3\rho^2(\ln s)^2}$ （6-8）

晶核生长速率 $\qquad R = AVRT\ln S\exp(-B/T)$ （6-9）

6.4.5 沉铝温度对铝沉淀率和氢氧化铝白度的影响

在溶液终点 pH 值 4.8、陈化时间 60min、碳酸钠浓度 100g/L 的条件下，沉铝温度对铝沉淀率的影响如图 6-11 所示。

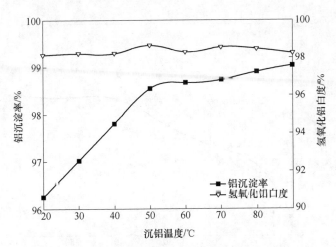

图 6-11 沉铝温度对铝沉淀率和氢氧化铝白度的影响

由图 6-11 可知，随着沉铝温度的升高，铝沉淀率增大。这是由于随着沉铝温度的升高，溶液中的活化分子增加，粒子运动加剧，提高了分子、离子的接触概率和反应活性，从而提高了反应速率和反应率。但沉铝水解反应为放热反应，温度的升高不利于反应的进行和氢氧化铝的生成。当沉铝温度达到 50℃ 时，铝沉淀率趋于稳定。从白度的分析结果可以看出，在 20~90℃ 范围内，沉铝温度对氢氧化铝白度的影响不大，都超过 98%。因此，选择沉铝温度 50℃。

6.4.6 陈化时间对铝沉淀率的影响

在溶液终点 pH 值 4.8、沉铝温度 50℃、碳酸钠浓度 100g/L 的条件下，铝沉淀率随陈化时间的变化趋势如图 6-12 所示。由图可知，随着陈化时间的延长，铝沉淀率增大。这是由于硫酸铝与碳酸钠的双水解程度增大引起的，故要得到高的铝沉淀率，必须要维持一定的陈化时间即 40min，这样既有利于粒子的形成，又保证了铝沉淀率。

6.4.7 碳酸钠浓度对铝沉淀率的影响

在溶液终点 pH 值 4.8、沉铝温度 50℃、陈化时间 40min 的条件下，碳酸钠浓度对铝沉淀率的影响如图 6-13 所示。

由图 6-13 可知，随着碳酸钠浓度的增加，铝沉淀率减小，但对其影响不大。考虑到随着碳酸钠浓度的减小，一方面需要消耗大量的水，造成了不必要的水资源浪费；另一反面，加入水量的增加致使溶液中钾、钠离子浓度的减小，对后续钾、钠离子蒸发结晶分离造成了能源上的浪费。故选用碳酸钠浓度 300g/L。

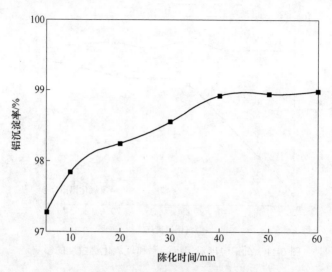

图 6-12   陈化时间对铝沉淀率的影响

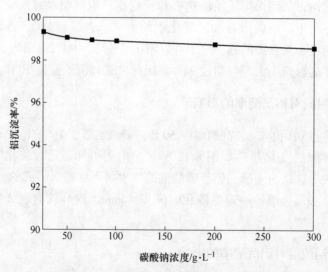

图 6-13   碳酸钠浓度对铝沉淀率的影响

6.4.8   高纯氢氧化铝的表征

按照国家标准 GB/T 4294—2010[202] 的检测方法,将制备的氢氧化铝粉体进行各项指标测试,并与 GB/T 4294—2010 中标定的数据进行比较,结果见表 6-5。可见,采用直接沉淀法制备的氢氧化铝粉体符合国家标准 GB/T 4294—2010。

表 6-5 氢氧化铝粉体检测结果和国家标准对比

项 目	标准参数（GB/T 4294—2010）	检测结果
Al_2O_3 的质量分数/%	≥52.92	53.66
SiO_2 的质量分数/%	0.02	0.017
Fe_2O_3 的质量分数/%	0.02	0.019
Na_2O 的质量分数/%	0.04	—
烧失量/%	34.5±0.5	34.6
水分（附着水）/%	≤12	11.7

图 6-14 和图 6-15 分别为氢氧化铝粉体的 X 射线衍射图谱和 SEM 照片。从 XRD 图谱中可以看出粉体中没有出现尖锐的晶体衍射峰，说明不含结晶相，为无定形非晶态结构。从 SEM 照片可以看出，直接沉淀法得到的氢氧化铝粒度大约 0.3μm，颗粒较细且形貌大小较为均匀。但因表面能大，有团聚现象。

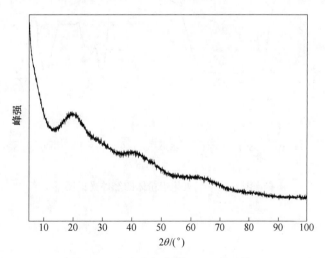

图 6-14 氢氧化铝粉体的 XRD 图谱

图 6-16 为制备的氢氧化铝粉体的红外光谱图。由图可知，在 572cm⁻¹ 处出现了 AlO_4 四面体中 Al—O 键的伸缩振动峰。978cm⁻¹ 处出现的峰与 AlO_2^- 的伸缩振动有关。1637cm⁻¹ 处出现了—OH 的弯曲振动吸收峰。在 2800~3700cm⁻¹ 处出现了宽化的—OH 伸缩振动峰，它是由无定形结构中键长的连续分布或超细颗粒引起的。这些特征峰的出现，证实了粉体为非晶态结构的氢氧化铝。

图 6-15 氢氧化铝粉体的 SEM 照片

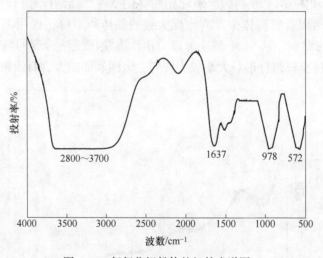

图 6-16 氢氧化铝粉体的红外光谱图

6.5 碱溶

6.5.1 碱溶实验原料与仪器

6.5.1.1 碱溶实验原料

钾长石的碱溶渣经酸化、水溶、过滤后得到的溶液对其第一步沉铝得到的沉淀；去离子水为实验室自制；氢氧化钠、甲基橙、二甲酚橙、冰乙酸、无水乙酸钠、氟化钾、硫酸锌、乙二酸四乙酸钠、氨水、氯化亚锡、盐酸、硫酸、磷酸、重铬酸钾、钨酸钠、三氯化钛、二苯胺磺酸钠等分析检测试剂为分析纯。

6.5.1.2　碱溶实验设备

碱溶实验所用到的设备见表 6-6。

表 6-6　实验设备表

设备名称	生产厂家	型号
电子天平	北京赛多利斯仪器系统有限公司	BS124S 型
马弗炉	沈阳长城工业电炉厂	SRJX-4-13 型
智能温度控制仪	沈阳东北大学冶金物理化学研究所	ZWK-1600 型
镍铬-镍硅热电偶	沈阳虹天电气仪表有限公司	WRNK-131 型
电热恒温水浴锅	北京市永光明医疗仪器有限公司	XMTD-4000 型
搅拌器	沈阳工业大学	J100 型
搅拌器数显调节仪	沈阳工业大学	MODELW-02
循环水式真空泵	巩义市予华仪器有限公司	SHE-D（Ⅲ）型
电热恒温鼓风干燥箱	上海一恒科技有限公司	DHG-9070A 型

6.5.1.3　碱溶分析仪器

采用日本理学公司的 D/max-2500PC 型 X 射线衍射仪分析样品物相结构。使用 Cu 靶 K_α 辐射，波长 $\lambda = 1.544426 \times 10^{-10}$ m，工作电压为 40kV，2θ 衍射角扫描范围为 $10° \sim 90°$，扫描速度为 $0.033(°)/s$。采用 SSX-550 型扫描电子显微镜对氧化铁的微观形貌进行分析，测定条件：工作电压为 15kV，加速电流为 15mA，工作距离为 17mm。采用美国 Perkin-Elmer 公司的 Optima4300DV 型电感耦合等离子体发射光谱仪分析沉淀的化学成分。

6.5.2　碱溶实验原理

氢氧化铝是一种两性氢氧化物，既能与酸反应生成盐和水，又能与强碱反应生成盐和水。故将第一步沉铝得到氢氧化铝、氢氧化铁混合沉淀物溶于氢氧化钠溶液中。氢氧化铝参加反应生成铝酸钠，氢氧化铁不参加反应，从而实现了铝与铁的分离。得到的铝酸钠溶液采用碳分或种分法制备砂状氧化铝[203,204]，发生的主要化学反应如下：

$$Al(OH)_3 + NaOH =\!=\!= NaAl(OH)_4 \qquad (6\text{-}10)$$

6.5.3　碱溶实验步骤

取一定质量的氢氧化钠溶于 300mL 去离子水中配置成 1mol/L 的溶液。将烧杯放入恒温水浴锅中，当达到设定温度后，放入一定质量第一步沉铝得到的沉淀，添加 1mol/L 的氢氧化钠或去离子水调节溶液 pH 值。到达设定 pH 值后反应一段时间，停止搅拌，取出、过滤分离。滤饼用去离子水洗涤 3 次后烘干得到氢氧化铁。滤液中铝的含量采用 EDTA 滴定法测定，铝的溶出率计算同式（6-3）。滤液中铁的含量采用重铬酸钾滴定法[205]测定，铁的去除率计算如下：

$$\alpha_{Fe} = 1 - 56CVV_0/(vm) \times 100\% \tag{6-11}$$

式中，56 为铁的摩尔质量，g/mol；C 为重铬酸钾溶液浓度，mol/L；V 为消耗重铬酸钾溶液体积，mL；V_0 为溶液总体积，L；v 为所取溶液体积，mL；m 为样品中铁质量，g。

6.5.4 溶液终点 pH 值对铝溶出率和铁去除率的影响

在碱溶温度 90℃、碱溶时间 30min 的条件下，考察溶液终点 pH 值对铝溶出率和铁去除率的影响，结果如图 6-17 所示。由图可见，随着溶液终点 pH 值的增大，铝溶出率逐渐增大，而铁去除率变化不大。当溶液终点 pH 值达到 14 时，铝溶出率达到 99.76%。这是由于随着溶液 pH 值的增大，溶液中 OH⁻ 量增加，反应能力增强，促使反应进行。

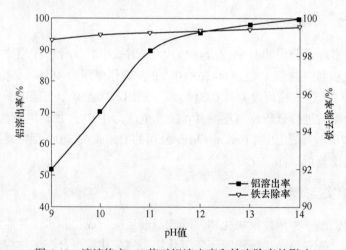

图 6-17 溶液终点 pH 值对铝溶出率和铁去除率的影响

6.5.5 碱溶温度对铝溶出率和铁去除率的影响

图 6-18 为在溶液终点 pH 值 14、碱溶时间 30min 的条件下，碱溶温度对铝溶出率和铁去除率的影响曲线。由图可见，铝溶出率和除铁率均随着温度的升高而增大。这是由于随碱溶温度升高，粒子运动加剧，提高了分子、离子的接触概率和反应活性，从而提高反应速率和反应率。同时碱溶过程是吸热反应，故提高碱溶温度有助反应进行。在碱溶温度 80℃ 时达到平台点，铝溶出率和铁去除率趋于稳定，故碱溶温度选取 80℃。

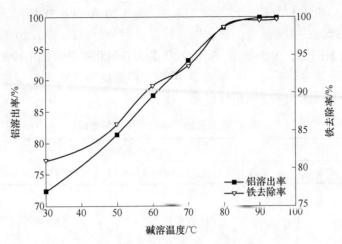

图 6-18 碱溶温度对铝溶出率和铁去除率的影响

6.5.6 碱溶时间对铝溶出率和铁去除率的影响

在溶液终点 pH 值 14，碱溶温度 80℃ 的条件下，考察碱溶时间对铝溶出率和铁去除率的影响，结果如图 6-19 所示。由图可见，随着碱溶时间的延长，铝溶出率和铁去除率逐渐增大。当碱溶时间 30min 时，铝溶出率达到 99.42%，铁去除率到 99.63%。也就是说 30min，反应已完全进行。因此，选择碱溶时间 30min 为宜。

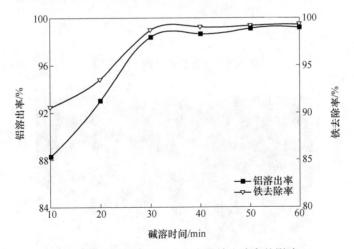

图 6-19 碱溶时间对铝溶出率和铁去除率的影响

6.5.7 氧化铁产品的表征

碱溶后得到的滤饼经洗涤、干燥、煅烧得氧化铁产品。对其化学成分、物相结构及微观形貌进行分析，结果如表 6-7、图 6-20 和图 6-21 所示。由表 6-7 可见，制备的产品的主要成分为氧化铁，其含量为 98.98%。图 6-20 为氧化铁产品的 X 射线衍射图谱，由图可知，得到的样品为三氧化二铁。图中检测不到其他的杂质峰，表明样品较纯净。由图 6-21 可知，得到的氧化铁颗粒呈球状，且大小均匀，由于其表面积大、吸附性较强，故有团聚。

表 6-7　氧化铁产品的主要化学组成　　　　　（质量分数，%）

成分	Fe$_2$O$_3$	其他
含量	98.98%	1.02%

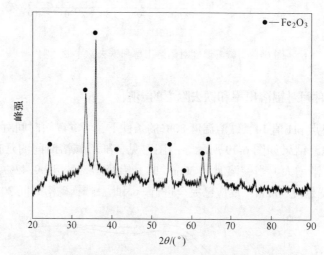

图 6-20　氧化铁产品的 XRD 图谱

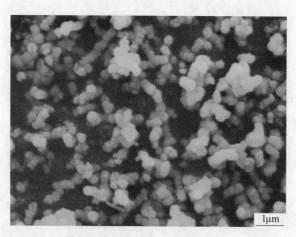

图 6-21　氧化铁产品的 SEM 照片

6.6 碳分

6.6.1 碳分实验原料与仪器

6.6.1.1 碳分实验原料

碱溶后得到的铝酸钠溶液；CO_2气体；去离子水为实验室自制；甲基橙、二甲酚橙、冰乙酸、无水乙酸钠、氟化钾、硫酸锌、乙二酸四乙酸钠、氨水等分析检测试剂为分析纯。

6.6.1.2 碳分实验设备

碳分实验所用到的实验设备见表6-8。

表6-8 实验设备

设备名称	生产厂家	型 号
马弗炉	沈阳长城工业电炉厂	SRJX-4-13 型
智能温度控制仪	沈阳东北大学冶金物理化学研究所	ZWK-1600 型
镍铬-镍硅热电偶	沈阳虹天电气仪表有限公司	WRNK-131 型
电热恒温水浴锅	北京市永光明医疗仪器有限公司	XMTD-4000 型
搅拌器	沈阳工业大学	J100 型
搅拌器数显调节仪	沈阳工业大学	MODELW-02
循环水式真空泵	巩义市予华仪器有限公司	SHE-D（Ⅲ）型
电热恒温鼓风干燥箱	上海一恒科技有限公司	DHG-9070A 型

6.6.1.3 碳分分析仪器

采用日本理学公司的 D/max-2500PC 型 X 射线衍射仪分析氧化铝产品物相结构。使用 Cu 靶 K_α 辐射，波长 $\lambda = 1.544426 \times 10^{-10}$ m，工作电压为 40kV，2θ 衍射角扫描范围为 $10° \sim 90°$，扫描速度为 $0.033(°)/s$。采用 SSX-550 型扫描电子显微镜对氧化铝的微观形貌进行分析，测定条件：工作电压为 15kV，加速电流为 15mA，工作距离为 17mm。采用美国 Perkin-Elmer 公司的 Optima4300DV 型电感耦合等离子体发射光谱仪分析氧化铝的化学成分。

6.6.2 碳分实验原理

碳分法生产氢氧化铝是利用铝酸钠溶液与酸性气体二氧化碳反应生成氢氧化

铝沉淀[206~209]。碳分过程中发生的主要化学反应为

$$2NaOH+CO_2 \Longrightarrow Na_2CO_3+H_2O \tag{6-12}$$

$$2NaAl(OH)_4+CO_2 \Longrightarrow 2Al(OH)_3\downarrow +Na_2CO_3+H_2O \tag{6-13}$$

$$Na_2CO_3+CO_2+H_2O \Longrightarrow 2NaHCO_3 \tag{6-14}$$

6.6.3 碳分实验步骤

将一定量的偏铝酸钠溶液置于到 1L 的三颈烧瓶中，三颈烧瓶瓶口装有冷凝回流装置。用水银温度计读取溶液的真实温度，将装置放入恒温水浴锅中，温度偏差±0.5℃。当达到设定温度，通入浓度为 38%的 CO_2 气体，控制一定的流速。用 pH 计检测溶液 pH 值，当溶液 pH 值达到某值，停止反应，过滤分离。得到氢氧化铝和含碳酸钠的溶液。将氢氧化铝粉体用去离子水多次洗涤，烘干，煅烧后即得砂状氧化铝产品。得到的滤液蒸发结晶，循环使用。滤液中铝的含量采用 EDTA 滴定法测定，铝的沉淀率计算见式（6-7）。

6.6.4 溶液终点 pH 值对铝沉淀率的影响

在碳分温度 50℃、CO_2 流速 6mL/min、搅拌速度 400r/min 的条件下，考察溶液终点 pH 值对铝沉淀率的影响，结果如图 6-22 所示。由图可知，随着溶液终点 pH 值的不断减小，铝沉淀率增大。当溶液终点 pH 值达到 9.0 时，铝沉淀率达到 98.69%。这是因为随着 CO_2 的通入，反应开始发生。再降低溶液终点 pH 值，对铝沉淀率影响不大，并导致物料的浪费。故溶液终点 pH 值选择 9.0。

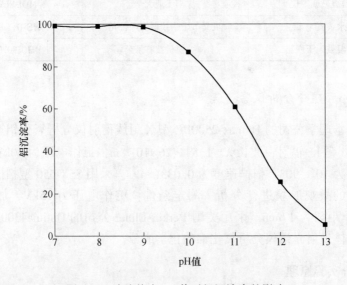

图 6-22 溶液终点 pH 值对铝沉淀率的影响

6.6.5 碳分温度对铝沉淀率的影响

图 6-23 为在溶液终点 pH 值 9.0、CO_2 流速 6mL/min、搅拌速度 400r/min 的条件下，碳分温度与沉铝率的关系曲线。由图可知，碳分温度对铝沉淀率的影响较大。随着碳分温度的不断升高，铝沉淀率增大。当碳分温度较低时，反应速率缓慢，需要较长的反应时间。但当碳分温度超过 40℃，铝沉淀率趋于稳定。且碳分过程是放热过程，高温不利于反应的进行。综上考虑，碳分温度选择 40℃为佳。

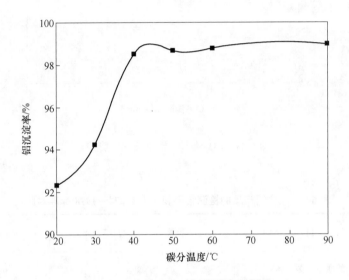

图 6-23　碳分温度对铝沉淀率的影响

6.6.6 CO_2 流速对铝沉淀率的影响

在溶液终点 pH 值 9.0、碳分温度 40℃、搅拌速度 400r/min 的条件下，考察 CO_2 流速对铝沉淀率的影响，结果如图 6-24 所示。由图可知，在不同的 CO_2 流速条件下，铝沉淀率变化不大。然而 CO_2 流速太大会造成大量 CO_2 的逸出，不仅造成物料的浪费，而且增加整个工艺成本。故 CO_2 流速选择 6mL/min。

6.6.7 氧化铝产品的表征

将得到的氢氧化铝在 1200℃ 温度下煅烧 2h，对得到的样品进行化学成分及物相结构分析，结果如表 6-9 和图 6-25 所示。由图 6-25 可知，所得氧化铝产品的衍射峰与标准衍射峰匹配良好。由表 6-9 可知，氧化铝产品的含量可达99.12%，制备的氧化铝符合行业 YS/T 274—1998 标准[210]。

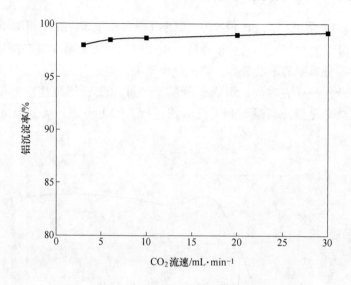

图 6-24 CO_2 流速对铝沉淀率的影响

表 6-9   氧化铝产品的检测结果和 YS/T 274—1998 标准对比

项　　目	标准参数（YS/T 274—1998）	检测结果
Al_2O_3 的质量分数/%	≥98.3	99.21
SiO_2 的质量分数/%	0.06	0.05
Fe_2O_3 的质量分数/%	0.04	0.02
Na_2O 的质量分数/%	0.65	0.54
TiO_2 的质量分数/%	—	—
CaO 的质量分数/%	—	—
MgO 的质量分数/%		

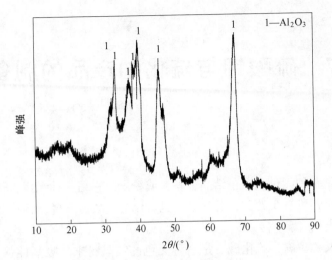

图 6-25　氧化铝产品的 XRD 图谱

6.7　小结

采用酸化、水溶、沉铝、碱溶、碳分等工序处理钾长石的碱溶渣，提取其中的有价组元铝和铁，制备高纯氢氧化铝、氧化铝和氧化铁，达到铝和铁与钾、钠分离的目的。

（1）考察在酸化过程中酸矿摩尔比、硫酸质量分数、酸化时间对铝提取率的影响。在酸矿摩尔比 2.4：1、硫酸质量分数 90%、酸化时间 5min 的条件下，铝提取率可达到 94.36%。

（2）考察在水溶过程中水溶温度、水溶时间、液固比、搅拌速度对铝溶出率的影响。在水溶温度 90℃、水溶时间 10min、液固比 5.5：1、搅拌速度 400r/min 的条件下，铝溶出率可达到 99.21%。

（3）考察在沉铝过程中溶液终点 pH 值、沉铝温度、陈化时间、碳酸钠浓度对铝沉淀率的影响。在溶液终点 pH 值 4.8、沉铝温度 50℃、陈化时间 40min、碳酸钠浓度 300g/L 的条件下，铝沉淀率可达到 99%。

（4）考察在碱溶过程中溶液终点 pH 值、碱溶温度、碱溶时间对铝溶出率和铁去除率的影响。在溶液终点 pH 值 14，碱溶温度 80℃，碱溶时间 30min 的条件下，铝溶出率达到 99.42%，铁去除率达到 99.63%。

（5）考察在碳分过程中溶液终点 pH 值、碳分温度、CO_2 流速对铝沉淀率的影响。在溶液终点 pH 值 9.0，碳分温度 40℃，CO_2 流速选择 6mL/min 的条件下，铝沉淀率达到 98.69%。

7 硫酸钾与硫化钠产品的制备

7.1 引言

硫酸钾是一种无色或白色结晶、颗粒或粉末。它是一种无氯、优质高效的水溶性钾肥，是不可缺少的重要肥料；它也可作为优质氮、磷、钾三元复合肥的主要原料[211~213]。

硫化钠又称黄碱、硫化碱。是一种无色的结晶粉末。吸潮性强，易溶于水。它广泛应用于染料、造纸、纺织、制药等工业。也可作为制备硫代硫酸钠、多硫化钠、硫氢化钠等产品的原料[214,215]。

本章研究利用沉铝后的酸性溶液，通过分步结晶法制备硫酸钾和硫酸钠。并以硫酸钠晶体为原料制备硫化钠产品。将对硫酸钾、硫酸钠、硫化钠的制备条件逐一研究，给出最佳的工艺条件。

7.2 硫酸钾的制备

7.2.1 实验原料与仪器

7.2.1.1 实验原料

沉铝后得到的酸性溶液，溶液中钾的含量为 24.11g/L，钠含量为 10.36g/L；去离子水为实验室自制；氯化钾、盐酸等分析检测试剂为分析纯。

7.2.1.2 实验设备

硫酸钾的制备所需的设备见表 7-1。

表 7-1 实验设备

设备名称	生产厂家	型号
电热恒温水浴锅	北京市永光明医疗仪器有限公司	XMTD-4000 型
搅拌器	沈阳工业大学	J100 型
搅拌器数显调节仪	沈阳工业大学	MODELW-02
循环水式真空泵	巩义市予华仪器有限公司	SHE-D（Ⅲ）型
电热恒温鼓风干燥箱	上海一恒科技有限公司	DHG-9070A 型

7.2.1.3 分析仪器

采用日本理学公司的 D/max-2500PC 型 X 射线衍射仪分析样品物相结构。使用 Cu 靶 K_α 辐射，波长 $\lambda = 1.544426 \times 10^{-10}$ m，工作电压为 40kV，2θ 衍射角扫描范围为 $10° \sim 90°$，扫描速度为 0.033(°)/s。采用 SSX-550 型扫描电子显微镜对硫酸钾产品的微观形貌进行分析，测定条件：工作电压为 15kV，加速电流为 15mA，工作距离为 17mm。采用美国 Perkin-Elmer 公司的 Optima4300DV 型电感耦合等离子体发射光谱仪分析样品的化学成分。采用配备空气-乙炔火焰燃烧器及钾空心阴极灯的原子吸收光谱仪分析样品的钾含量。

7.2.2 实验原理

由于硫酸钾和硫酸钠在不同温度的溶解度不同。利用二者的溶解度差，采用分步结晶法实现硫酸钾和硫酸钠的分离。硫酸钠和硫酸钾的溶解度见表 7-2。

表 7-2 硫酸钠和硫酸钾的溶解度

温度/℃	溶解度/g	
	Na_2SO_4	K_2SO_4
0	4.9	7.4
10	9.1	9.3
20	19.5	11.1
30	40.8	13
40	48.8	14.8
60	45.3	18.2
80	43.7	21.4
90	42.7	22.9
100	42.5	24.1

由表 7-2 可知，在 40℃ 的条件下，硫酸钾和硫酸钠的溶解度相差最大，且硫酸钾的溶解度较小。故可采用蒸发结晶使溶液中的硫酸钾以晶体的形式析出[216,217]。

由计算可得，溶液中的硫酸钾含量为 53.78g/L，硫酸钠含量为 31.98g/L。加热蒸发溶液，当溶液中硫酸钾的含量达到过饱和时（即含量大于 148g/L），硫酸钾开始析出。此时，溶液中的硫酸钠的含量为 88g/L，远远小于 40℃ 的条件下硫酸钠的溶解度，故溶液中的硫酸钠不会析出。

7.2.3　实验步骤

取一定量沉铝后的酸性溶液置于烧杯中，并加入一定量的硫酸钾晶种。将烧杯放入恒温水浴锅中，控制温度 40℃，偏差 ±0.5℃。搅拌一段时间后，过滤分离，得到硫酸钾晶体，并采用原子吸收光谱法测定滤液中硫酸钾的含量，计算硫酸钾的结晶率。由于硫酸钾晶体中含有微量铁和铝，故将其溶于一定浓度的酸性热溶液中，重结晶制备纯度高的硫酸钾晶体。硫酸钾的结晶率如下：

$$\alpha_{K_2SO_4} = \left(1 - \frac{m'_{K_2SO_4}}{m_{K_2SO_4}}\right) \times 100\% \tag{7-1}$$

式中，$\alpha_{K_2SO_4}$ 为硫酸钾的结晶率；$m'_{K_2SO_4}$ 为结晶后溶液中硫酸钾的质量，g；$m_{K_2SO_4}$ 为结晶前溶液中硫酸钾的质量，g。

7.2.4　搅拌速度对硫酸钾结晶率的影响

在结晶温度 40℃，结晶时间 6h 的条件下，考察搅拌速度对硫酸钾结晶率的影响，结果如图 7-1 所示。

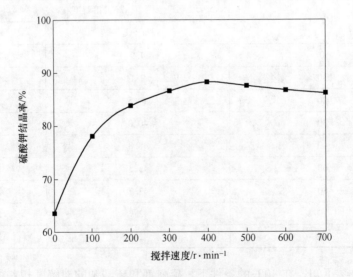

图 7-1　搅拌速度对硫酸钾结晶率的影响

由图 7-1 可知，搅拌速度对硫酸钾结晶率的影响较大，随着搅拌速度的增强，硫酸钾的结晶率先增大后稍有减小，在 400r/min 处，硫酸钾结晶率达到最大。这是由于搅拌不仅有利于传质过程，而且可防止局部过饱和度过高，有利于大颗粒的形成。随着搅拌速度的进一步增大，将导致形成的大颗粒破碎。小颗粒的溶解度大于大颗粒的溶解度，故降低了硫酸钾的结晶率。

7.2.5 结晶时间对硫酸钾结晶率的影响

图 7-2 为结晶温度 40℃、搅拌速度 400r/min 时，结晶时间与硫酸钾结晶率的关系曲线。由图 7-2 可知，随着结晶时间的延长，硫酸钾结晶率逐渐增大。结晶时间超过 4h，硫酸钾结晶率趋于平稳。这是由于结晶物形成后，其粒度自动向热力学更稳定的方向变化。小颗粒的溶解度大，自动溶解，而大颗粒的溶解度小，在大颗粒上结晶。结晶时间的延长有利于大颗粒的形成，硫酸钾结晶率因此提高。结晶时间 4h 时已经满足反应的进行。考虑到效率及能耗，选择结晶时间 4h 较为适宜。

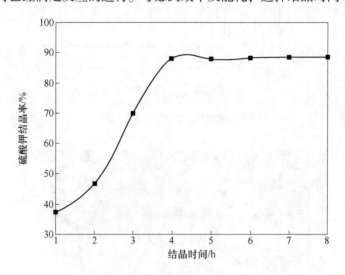

图 7-2 结晶时间对硫酸钾结晶率的影响

7.2.6 硫酸钾产品的表征

经分步结晶得到硫酸钾产品。对其化学成分、物相结构及微观形貌进行分析，结果如表 7-3、图 7-3 及图 7-4 所示。由表 7-3 可见，制备的硫酸钾产品符合国家标准 GB 20406—2006[170]。图 7-3 为硫酸钾产品的 X 射线衍射图谱，由图 7-3 可知，得到的样品为硫酸钾。图中检测不到其他的杂质峰，表明样品较纯净。图 7-4 为硫酸钾产品的扫描电子显微镜照片，得到的硫酸钾颗粒大小均匀且呈球状。

表 7-3 硫酸钾产品检测结果和国家标准对比　　　　　　　　　（%）

项　目	标准参数（GB 20406—2006）	检测结果
K_2O 的质量分数	≥50.0	51.97
Cl^- 的质量分数	≤1.5	—
H_2O 的质量分数	≤1.5	1.37
游离酸的质量分数	≤1.5	1.29

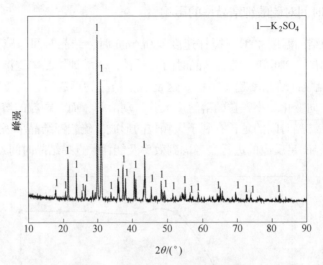

图 7-3 硫酸钾产品的 XRD 图谱

图 7-4 硫酸钾产品的 SEM 照片

7.3 硫酸钠的制备

7.3.1 实验原料与仪器

7.3.1.1 实验原料

分步结晶分离硫酸钾后的溶液，溶液中硫酸钾的含量为 8.9g/L，硫酸钠含量为 31.98g/L；去离子水为实验室自制；氯化钠、盐酸等分析检测试剂为分析纯。

7.3.1.2 实验设备

硫酸钠制备实验所用仪器见表 7-4。

表 7-4 实验设备

设 备 名 称	生 产 厂 家	型 号
电热恒温水浴锅	北京市永光明医疗仪器有限公司	XMTD-4000 型
搅拌器	沈阳工业大学	J100 型
搅拌器数显调节仪	沈阳工业大学	MODELW-02
循环水式真空泵	巩义市予华仪器有限公司	SHB D（Ⅲ）型
电热恒温鼓风干燥箱	上海一恒科技有限公司	DHG-9070A 型

7.3.1.3 分析仪器

采用日本理学公司的 D/max-2500PC 型 X 射线衍射仪分析样品物相结构。使用 Cu 靶 K_α 辐射，波长 $\lambda = 1.544426 \times 10^{-10}$ m，工作电压为 40kV，2θ 衍射角扫描范围为 $10° \sim 90°$，扫描速度为 $0.033(°)/s$。采用 SSX-550 型扫描电子显微镜对硫酸钠产品的微观形貌进行分析，测定条件：工作电压为 15kV，加速电流为 15mA，工作距离为 17mm。采用美国 Perkin-Elmer 公司的 Optima4300DV 型电感耦合等离子体发射光谱仪分析样品的化学成分。采用配备空气-乙炔火焰燃烧器及钠空心阴极灯的原子吸收光谱仪分析样品的钠含量。

7.3.2 实验原理

在高温时硫酸钠的溶解度高，温度降低，硫酸钠的溶解度降低，溶液处于过饱和状态，硫酸钠以结晶水合物形式析出[218]。

7.3.3 实验步骤

取一定量分步结晶分离硫酸钾后的溶液置于烧杯中，并加入一定量的硫酸钠晶种。将烧杯放入恒温水浴锅中，控制温度 10℃，偏差 ±0.5℃。搅拌一段时间后，过滤分离，得到硫酸钠晶体，并采用原子吸收光谱法测定滤液中硫酸钠的含量，计算硫酸钠的结晶率。由于硫酸钠晶体中含有微量铁和铝，故将其溶于一定浓度的酸性热溶液中，重结晶制备纯度高的硫酸钠晶体。硫酸钠的结晶率如下：

$$\alpha_{Na_2SO_4} = \left(1 - \frac{m'_{Na_2SO_4}}{m_{Na_2SO_4}}\right) \times 100\% \tag{7-2}$$

式中，$\alpha_{Na_2SO_4}$为硫酸钠的结晶率；$m'_{Na_2SO_4}$为结晶后溶液中硫酸钠的质量，g；$m_{Na_2SO_4}$为结晶前溶液中硫酸钠的质量，g。

7.3.4　搅拌速度对硫酸钠结晶率的影响

图 7-5 为结晶温度 10℃、结晶时间 10h 时，搅拌速度与硫酸钠结晶率的关系曲线。

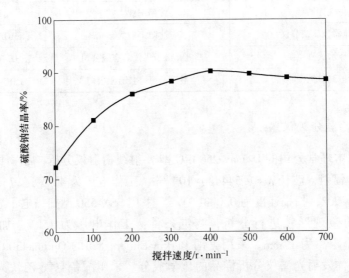

图 7-5　搅拌速度对硫酸钠结晶率的影响

由图 7-5 可知，随着搅拌速度的增大，硫酸钠的结晶率曲线先上升后稍有下降，在 400r/min 处，硫酸钠结晶率达到最大，即 90.13%。这是由于搅拌不仅有利于传质过程，而且可防止局部过饱和度过高，有利于大颗粒的形成。随着搅拌速度的进一步增大，将导致形成的大颗粒破碎。小颗粒的溶解度大于大颗粒的溶解度，故降低了硫酸钠的结晶率。

7.3.5　结晶时间对硫酸钠结晶率的影响

在结晶温度 10℃，搅拌速度 400r/min 的条件下，考察结晶时间对硫酸钠结晶率的影响，结果如图 7-6 所示。

由图 7-6 可知，随着结晶时间的延长，硫酸钠结晶率逐渐增大。结晶时间超过 8h，硫酸钠结晶率趋于平稳。这是由于结晶物形成后，其粒度自动向热力学更稳定的方向变化。小颗粒的溶解度大，自动溶解，而大颗粒的溶解度小，在大颗粒上结晶。故结晶时间延长有利于大颗粒的形成及硫酸钠结晶率的提高。考虑到效率及能耗，选择结晶时间 8h 较为适宜。

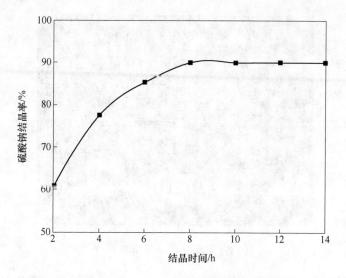

图 7-6 结晶时间对硫酸钠结晶率的影响

7.3.6 硫酸钠产品的表征

经分步结晶得到硫酸钠产品。对其物相结构及微观形貌进行分析，结果如图 7-7、图 7-8 所示。图 7-7 为硫酸钠产品的 X 射线衍射图谱，由图可知，得到的样品为硫酸钠。图中检测不到其他的杂质峰，表明样品较纯净。图 7-8 为硫酸钠产品的扫描电子显微镜照片，得到的硫酸钠颗粒大小均匀且呈球状。

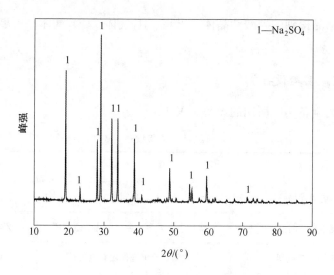

图 7-7 硫酸钠产品的 XRD 图谱

50μm

图 7-8　硫酸钠产品的 SEM 照片

结晶分离后的溶液中硫酸钾的含量为 8.9g/L，硫酸钠含量为 3.19g/L。作为酸化后碱溶渣的水溶出母液，循环使用，当钾和钠含量达到过饱和状态，再进行上述步骤分离。

7.4　硫化钠的制备

7.4.1　实验原料与仪器

7.4.1.1　实验原料

经分步结晶得到的硫酸钠晶体；煤炭、H_2 气体、CO_2 气体；去离子水为实验室自制。

7.4.1.2　实验设备

硫化钠的制备实验所用的设备见表 7-5。

表 7-5　实验设备

设备名称	生产厂家	型　号
圆柱形电阻丝加热炉	自制	
智能温度控制仪	沈阳东北大学冶金物理化学研究所	ZWK-1600 型
镍铬-镍硅热电偶	沈阳虹天电气仪表有限公司	WRNK-131 型
电热恒温鼓风干燥箱	上海一恒科技有限公司	DHG-9070A 型

7.4.1.3 分析仪器

采用日本理学公司的 D/max-2500PC 型 X 射线衍射仪分析样品物相结构。使用 Cu 靶 K$_u$ 辐射，波长 $\lambda = 1.544426 \times 10^{-10}$ m，工作电压为 40kV，2θ 衍射角扫描范围为 10°~90°，扫描速度为 0.033(°)/s。采用 SSX-550 型扫描电子显微镜对硫化钠产品的微观形貌进行分析，测定条件：工作电压为 15kV，加速电流为 15mA，工作距离为 17mm。采用美国 Perkin-Elmer 公司的 Optima4300DV 型电感耦合等离子体发射光谱仪分析样品的化学成分。

7.4.2 煤炭还原硫酸钠制备硫化钠

7.4.2.1 实验原理

现行的还原硫酸钠制备硫化钠多采用煤炭做还原剂，该方法反应温度高，达 1100℃，能耗大，而转化率不到 75%，产物硫化钠杂质含量高，反应过程中产生大量的固体渣和废气，环境污染严重。

采用煤炭还原硫酸钠制备硫化钠[219]，化学反应方程式如下：

$$Na_2SO_4 + 2C === Na_2S + 2CO_2 \uparrow \tag{7-3}$$

实验研究由硫酸钠配煤炭制备硫化钠，可以通过加入催化剂达到降低反应温度、减少能耗、提高转化率的目的。实验考察了反应温度、反应时间对硫酸钠转化率的影响。

7.4.2.2 实验步骤

将得到的七水硫酸钠晶体放入电热恒温鼓风干燥箱中干燥，去除结晶水。称取一定质量干燥去除结晶水的硫酸钠和煤炭放入坩埚中，置于竖式电阻丝加热炉中。通过软管使竖式电阻丝炉底部与氮气气瓶连接。通入氮气气体一段时间，除去炉中的气体。设定反应过程达到一定时间后迅速取样，终止反应，得到硫化钠产品。

7.4.2.3 结果与讨论

A 反应温度对硫酸钠转化率的影响

在反应时间 5h，硫酸钠与煤炭摩尔比 1:8 的条件下，考察反应温度对硫酸钠转化率的影响，结果如图 7-9 所示。

由图 7-9 可知，硫酸钠转化率随着反应温度的升高而提高，在反应温度达到 700℃时达到平台点，即硫酸钠转化率趋于稳定，再增高反应温度对硫酸钠转化率影响不大。这是因为反应温度的升高增加了反应体系的活化分子数，从而提高了反应速率，同时加大了反应率，即提高了硫酸钠转化率。考虑到能耗问题，反应温度选择 700℃为宜。

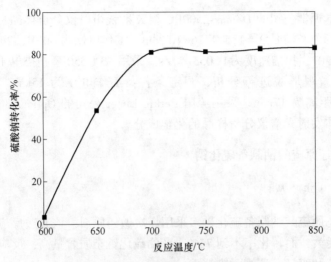

图 7-9　反应温度对硫酸钠转化率的影响

B　反应时间对硫酸钠转化率的影响

在反应温度 700℃，硫酸钠与煤炭摩尔比为 1∶8 的条件下，反应时间与硫酸钠转化率的关系如图 7-10 所示。由图可知，随着反应时间的延长，硫酸钠转化率逐渐增大。当反应时间超过 5h，硫酸钠转化率趋于平稳，表明反应时间 5h 已经满足反应的进行。考虑到效率及能耗，选择反应时间 5h 较为适宜。

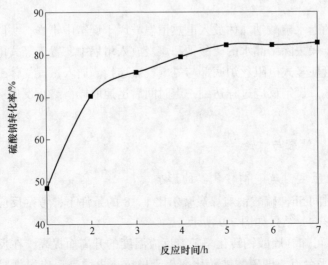

图 7-10　反应时间对硫酸钠转化率的影响

7.4.3 CO 还原硫酸钠制备硫化钠

7.4.3.1 实验原理

现行的还原硫酸钠制备硫化钠多采用煤炭做还原剂，该方法反应温度高，转化率低，产物硫化钠杂质含量高，反应过程中产生大量的固体渣。在能源日益严峻和环境保护要求日益严格的形势下，研发低能耗、低污染制备硫化钠的工艺技术具有重要意义。

采用 CO 气体还原硫酸钠制备硫化钠，化学反应方程式如下：

$$Na_2SO_4 + 4CO = Na_2S + 4CO_2 \uparrow \tag{7-4}$$

采用 CO 还原硫酸钠制备硫化钠和煤炭还原法相比，具有转化率高、反应温度低等优点。

7.4.3.2 实验步骤

将得到的七水硫酸钠晶体放入电热恒温鼓风干燥箱中干燥，去除结晶水。称取一定质量干燥去除结晶水的硫酸钠放入坩埚中，置于竖式电阻丝加热炉 1 中。称取一定质量的煤炭是放入另一个竖式电阻丝炉 2 中。通过软管使竖式电阻丝炉 2 底部与 CO_2 气瓶连接。再通过软管连接两个竖式电阻丝加热炉。通入 CO_2 气体一段时间除去炉中的气体。设定反应过程达到一定时间后迅速取样，终止反应，得到硫化钠产品。

7.4.3.3 结果与讨论

A 反应温度对硫酸钠转化率的影响

在反应时间 120min 的条件下，考察反应温度对硫酸钠转化为硫化钠的转化率的影响，结果如图 7-11 所示。

由图 7-11 可知，反应温度对硫酸钠转化率的影响较大。随着反应温度的升高，硫酸钠转化率曲线先上升后稍有下降，在反应温度达到 675℃时，硫酸钠转化率达到最大，即 95.02%。这是因为反应温度的升高增加了反应体系的活化分子数，从而提高了反应速率，即提高了硫酸钠转化率。但随着反应温度的升高，达到了硫酸钠和硫化钠固体共熔点，硫酸钠和硫化钠共熔形成混合物，阻碍反应进行，降低了硫酸钠的转化率，故反应温度选择 675℃为宜。与煤炭还原硫酸钠制备硫化钠相比，在相同的温度下，CO 作还原剂时硫酸钠转化率较大。

B 反应时间对硫酸钠转化率的影响

在反应温度 675℃的条件下，反应时间与硫酸钠转化率的关系如图 7-12 所

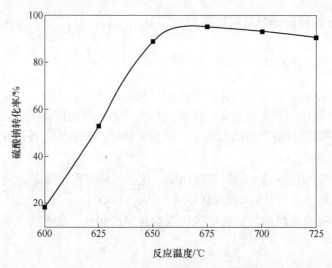

图 7-11　反应温度对硫酸钠转化率的影响

示。由图可知，随着反应时间的延长，硫酸钠转化率逐渐增大。当反应时间超过 90min，硫酸钠转化率大于 90%。当反应时间超过 120min，硫酸钠转化率趋于平稳，表明反应时间 120min 已经满足反应的进行。考虑到效率及能耗，选择反应时间 120min 较为适宜。

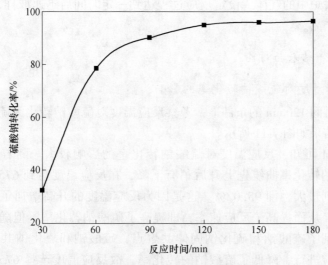

图 7-12　反应时间对硫酸钠转化率的影响

C　料层厚度对硫酸钠转化率的影响

在反应温度 675℃、反应时间 120min 的条件下，考察料层厚度对硫酸钠转化率的影响，结果如图 7-13 所示。

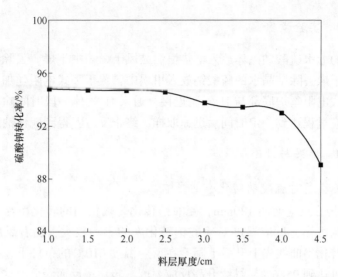

图 7-13　料层厚度对硫酸钠转化率的影响

由图 7-13 可知，当硫酸钠的料层厚度小于 2.5cm 时，料层厚度对硫酸钠转化率的影响较小。当硫酸钠的料层厚度大于 2.5cm 时，料层厚度对硫酸钠转化率的影响显著，硫酸钠转化率随着料层厚度的不断增大而显著减小。这是因为随着料层的增厚，生成的液态硫化钠包覆了硫酸钠，阻碍了 CO 与底层硫酸钠的接触，进一步阻碍了反应的进行，降低了硫酸钠的转化率。在反应温度 675℃，反应时间 120min，硫酸钠的料层厚度小于 4cm 的条件下，硫酸钠的转化率均可达90%以上。故料层厚度应选择小于 4cm 为宜。

7.4.4　H₂还原硫酸钠制备硫化钠

7.4.4.1　实验原理

现行的还原硫酸钠制备硫化钠多采用煤炭做还原剂，该方法反应温度高，转化率低，产物硫化钠杂质含量高，反应过程中产生大量的固体渣和废气，环境污染严重。在能源日益严峻和环境保护要求日益严格的形势下，研发低能耗、低污染制备硫化钠的工艺技术具有重要意义。

采用 H_2 气体还原硫酸钠制备硫化钠，化学反应方程式如下：

$$Na_2SO_4 + 4H_2 \xlongequal{\quad\quad} Na_2S + 4H_2O \uparrow \tag{7-5}$$

采用 H_2 还原硫酸钠制备硫化钠和煤炭还原法相比，具有转化率高、反应温度低、低污染等优点[220~222]，得到的产物为 Na_2S 和水蒸气。尾气主要成分为 H_2 和水蒸气，经冷凝过程，得到的净化气体可循环利用。和 CO 还原法相比，此方法具有反应温度低的优点。

7.4.4.2 实验步骤

将得到的七水硫酸钠晶体放入电热恒温鼓风干燥箱中干燥，去除结晶水。称取一定质量干燥去除结晶水的硫酸钠放入坩埚中，置于竖式电阻丝加热炉中。通过软管使竖式电阻丝炉底部与 H_2 气瓶连接。通入 H_2 气体一段时间除去炉中的气体。设定反应过程达到一定时间后迅速取样，终止反应，得到硫化钠产品。

7.4.4.3 结果与讨论

A 反应温度对硫酸钠转化率的影响

图 7-14 为在反应时间 120min，硫酸钠转化为硫化钠的转化率与反应温度的关系图。由图可知，反应温度对硫酸钠转化率的影响较大，随着反应温度的升高，硫酸钠转化率曲线先上升后下降，在反应温度 610℃ 的条件下，硫酸钠的转化率最高，可达到 95.6%，继续升高反应温度，转化率反而降低。这是因为当反应温度达到 644℃ 时，即硫酸钠和硫化钠固体共熔点，硫酸钠和硫化钠共熔形成混合物，阻碍反应进行，降低了硫酸钠的转化率。故反应温度选择 610℃ 为宜。

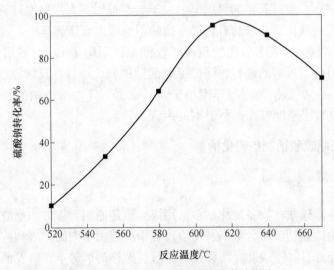

图 7-14   反应温度对硫酸钠转化率的影响

B 反应时间对硫酸钠转化率的影响

在反应温度 610℃ 的条件下，考察反应时间对硫酸钠转化率的影响，结果如图 7-15 所示。由图可知，在反应温度为 610℃、反应时间为 90min 的条件下，硫酸钠的转化率可达到 93% 以上，继续延长反应时间，对硫酸钠转化率的影响不大，考虑到效率及能耗，选择反应时间 90min 较为适宜。

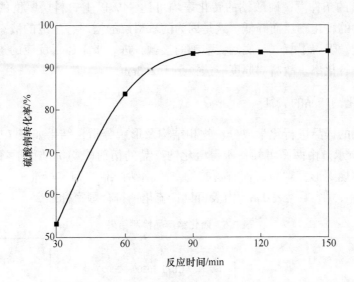

图 7-15 反应时间对硫酸钠转化率的影响

C 料层厚度对硫酸钠转化率的影响

在反应温度 610℃、反应时间 90min 的条件下，考察料层厚度对硫酸钠转化率的影响，结果如图 7-16 所示。

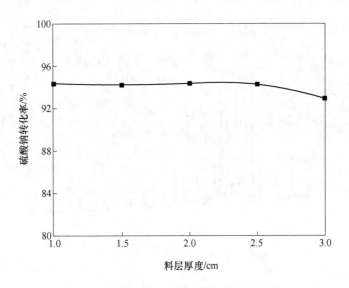

图 7-16 料层厚度对硫酸钠转化率的影响

由图 7-16 可知，在反应温度为 610℃，反应时间为 90min，硫酸钠的料层厚度为 2.5cm 的条件下，硫酸钠的转化率均可达 94% 以上。料层厚度的进一步增大，硫酸钠的转化率反而降低。这是因为随着料层的增厚，生成的液态硫化钠包覆了硫酸钠，阻碍了氢气与底层硫酸钠的接触，进一步阻碍了反应的进行，降低了硫酸钠的转化率。故料层厚度应选择小于 2.5cm。

7.4.5 硫化钠产品的表征

对得到的样品进行化学成分、物相结构及形貌分析，结果如表 7-6、图 7-17 和图 7-18 所示。由两图可知，所得硫化钠产品的衍射峰与标准衍射峰匹配良好且产品呈不规则形，颗粒表面有覆盖物。硫化钠产品按国家标准 GB/T 10500—2009[171] 检测，结果见表 7-6。由表可见，硫化钠符合国家标准。

表 7-6 硫化钠产品检测结果 （%）

项 目	标准参数 （GB/T 10500—2009）	检测结果
Na_2S 的质量分数	≥60.0	63.24
Fe 的质量分数	≤0.0030	0.0027
不溶物的质量分数	≤0.05	0.43

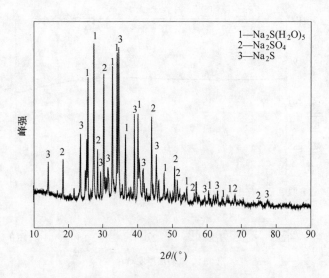

图 7-17 硫化钠产品的 XRD 图谱

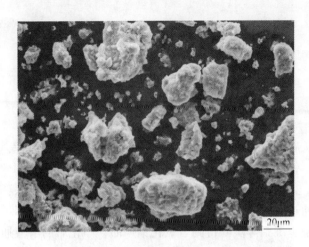

图 7-18　硫化钠产品的 SEM 照片

7.5　小结

利用沉铝后得到的酸性溶液制备硫酸钾、硫酸钠和硫化钠产品。

（1）采用分步结晶法制备硫酸钾和硫酸钠。通过试验考察了搅拌速度和结晶时间对硫酸钾和硫酸钠结晶率的影响，结果表明：在结晶温度 40℃、搅拌速度 400r/min、结晶时间 4h 的条件下，硫酸钾的结晶率可达 88.17%。在结晶温度 10℃、搅拌速度 400r/min、结晶时间 8h 的条件下，硫酸钠的结晶率可达 90.13%。结晶分离后的溶液中硫酸钾的含量为 8.9g/L，硫酸钠含量为 3.19g/L。作为酸化后碱溶渣的水溶出母液，可循环使用。

（2）以得到的硫酸钠为原料，采用煤炭、CO 气体、H_2 气体还原法制备硫化钠产品。通过试验考察了反应温度、反应时间和料层厚度对硫酸钠转化率的影响，结果表明：煤炭还原法制备硫化钠时，在硫酸钠与煤炭摩尔比 1∶8，在反应温度 700℃，反应时间 5h 的条件下，硫酸钠的转化率可达 82.13%。CO 还原法制备硫化钠时，在反应温度 675℃，反应时间 120min，料层厚度小于 4cm 的条件下，硫酸钠的转化率可达 93%。H_2 还原法制备硫化钠时，在反应温度 610℃，反应时间 90min，料层厚度小于 2.5cm 的条件下，硫酸钠的转化率可达 94.25%。

8 结 论

本文以钾长石为研究对象，采用碳酸钠中温焙烧法进行处理，设计了一条综合利用硅、铝、钾和钠的工艺。其内容主要包括：采用碳酸钠中温焙烧钾长石，使其结构破坏。得到的可溶性产物硅酸钠通过碱溶、碳分等步骤，制备超细二氧化硅产品，或通过与石灰乳反应生成轻质硅酸钙产品。得到的不溶性产物霞石则通过酸化、水溶、沉铝等步骤得到氢氧化铝产品，净化后的溶液通过分步结晶制备硫酸钾和硫酸钠产品，生成的硫酸钠通过还原法制备硫化钠产品。本实验采用现代检测技术，结合机理分析，系统深入地研究了硅、铝、钾、钠等有价元素提取的理论。

（1）通过热力学分析，确定了碳酸钠焙烧法从钾长石中提取二氧化硅的可行性。

（2）研究了碳酸钠焙烧法从钾长石中提取二氧化硅的工艺，该工艺过程主要包括碳酸钠中温焙烧和碱溶出两个工序。

1）通过单因素、正交试验考察了焙烧阶段碱矿摩尔比、反应温度、反应时间、粒度对二氧化硅提取率的影响。结果表明：在碱矿摩尔比 1.2∶1、反应温度 875℃、反应时间 80min、矿物粒度 74～89μm 的条件下，二氧化硅的提取率达到 98.13%。

2）通过单因素、正交试验考察了碱溶阶段溶出温度、溶出时间、搅拌速度、熟料粒度和氢氧化钠浓度对二氧化硅溶出率的影响。在溶出温度 95℃、溶出时间 80min、搅拌速度 400r/min、熟料粒度 74～89μm、氢氧化钠溶液浓度 0.2mol/L 的条件下，二氧化硅的溶出率达到 99%。

（3）通过对碳酸钠焙烧法从钾长石中提取二氧化硅过程的研究，得到以下结论：

1）在所有的实验条件下，得到的实验数据均符合 $1-(1-\alpha)^{1/3}=kt$ 方程。由 Arrhenius 方程得到反应的表观活化能为 188.13kJ/mol。焙烧过程可描述为

$$1-(1-\alpha)^{1/3}=3.12\times10^5\times\exp[-188130/(RT)]t$$

2）钾长石和碳酸钠中温焙烧过程中，反应温度对二氧化硅提取率有显著影响。反应温度高、碱矿摩尔比大、矿物粒度小有利于焙烧的进行。

（4）通过对碳酸钠与钾长石的焙烧熟料溶出过程的研究，得到以下结论：

1）溶出过程分为两个阶段，在所有的实验条件下，得到的实验数据均符合

$1-(1-\alpha)^{1/3}=kt$ 方程。由 Arrhenius 方程得到反应的表观活化能分别为 15.24kJ/mol，29.94kJ/mol。溶出过程可描述为

反应前期：$1-(1-\alpha)^{1/3}=7.074\times\exp[-15239/(RT)]t$

反应后期：$1-(1-\alpha)^{1/3}=2.18\times10^{-2}\times\exp[-29940/(RT)]t$

2）钾长石和碳酸钠焙烧熟料在氢氧化钠溶液溶出过程中，溶出温度和搅拌速度对二氧化硅溶出率均有显著的影响。氢氧化钠浓度和熟料粒度对二氧化硅溶出率影响较小。

（5）碱溶钾长石焙烧熟料得到硅酸钠溶液，采用分步碳分法制备超细二氧化硅。通过试验考察了二次碳分终点 pH 值、碳分温度，搅拌速度、CO_2 流速及分散剂的加入对二氧化硅的沉淀率和二氧化硅粉体粒度的影响，结果表明：在二次碳分终点 pH 值 9.0，碳分温度 50℃，CO_2 流速 6mL/min，搅拌速度 600r/min，加入体积比 1:9 乙醇和水的条件下，二氧化硅的沉淀率可达 99.8% 和二氧化硅粉体粒度达到 200nm。制备的超细二氧化硅符合 HG/T 3065—1999 标准。

（6）利用钾长石焙烧熟料碱溶后得到的硅酸钠溶液，采用高活性的氧化钙打乳后与硅酸钠溶液反应制备轻质硅酸钙产品。通过试验考察了反应温度、钙硅摩尔比、反应时间对二氧化硅的沉淀率的影响，结果表明：在反应温度 80℃，钙硅摩尔比 1:1，反应时间 40min，搅拌速度 500r/min 的条件下，二氧化硅的沉淀率可达 99.28%。

（7）采用酸化、水溶、沉铝、碱溶、碳分等工序处理钾长石碱溶渣，提取其中的有价组元铝和铁，制备高纯氢氧化铝、氧化铝和氧化铁，达到铝和铁与钾、钠分离的目的。

1）考察了在酸化过程中酸矿摩尔比、硫酸质量分数、酸化时间对铝提取率的影响。在酸矿摩尔比 2.4:1、硫酸质量分数 90%、酸化时间 5min 的条件下，铝提取可达到 94.36%。

2）考察了在水溶过程中水溶温度、水溶时间、液固比、搅拌速度对铝溶出率的影响。在水溶温度 90℃、水溶时间 10min、液固比 5.5:1、搅拌速度 400r/min 的条件下，铝溶出率可达到 99.21%。

3）考察在沉铝过程中溶液终点 pH 值、沉铝温度、陈化时间、碳酸钠浓度对铝沉淀率的影响。在溶液终点 pH 值 4.8、沉铝温度 50℃、陈化时间 40min、碳酸钠浓度 300g/L 的条件下，铝沉淀率可达到 99%。

4）考察在碱溶过程中溶液终点 pH 值、碱溶温度、碱溶时间对铝溶出率和铁去除率的影响。在溶液终点 pH 值 14，碱溶温度 80℃，碱溶时间 30min 的条件下，铝溶出率达到 99.42%，铁去除率达到 99.63%。

5）考察在碳分过程中溶液终点 pH 值、碳分温度、CO_2 流速对铝沉淀率的影响。在溶液终点 pH 值 9.0，碳分温度 40℃，CO_2 流速选择 6mL/min 的条件下，

铝沉淀率达到 98.69%。

(8) 利用沉铝后得到的酸性溶液制备硫酸钾、硫酸钠和硫化钠产品。

1) 采用分步结晶法制备硫酸钾和硫酸钠。通过试验考察了搅拌速度和结晶时间对硫酸钾和硫酸钠结晶率的影响，结果表明：在结晶温度 40℃，搅拌速度 400r/min，结晶时间 4h 的条件下，硫酸钾的结晶率可达 88.17%。在结晶温度 10℃，搅拌速度 400r/min，结晶时间 8h 的条件下，硫酸钠的结晶率可达 90.13%。结晶分离后的溶液中硫酸钾的含量为 8.9g/L，硫酸钠含量为 3.19g/L。作为酸化后碱溶渣的水溶出母液，可循环使用。

2) 以得到的硫酸钠为原料，采用煤炭、CO 气体、H_2 气体还原法制备硫化钠产品。通过试验考察了反应温度、反应时间和料层厚度对硫酸钠转化率的影响，结果表明：煤炭还原法制备硫化钠时，在硫酸钠与煤炭摩尔比 1∶8，反应温度 700℃，反应时间 5h 的条件下，硫酸钠的转化率可达 82.13%。CO 还原法制备硫化钠时，在反应温度 675℃，反应时间 120min，料层厚度小于 4cm 的条件下，硫酸钠的转化率可达 93%。H_2 还原法制备硫化钠时，在反应温度 610℃，反应时间 90min，料层厚度小于 2.5cm 的条件下，硫酸钠的转化率可达 94.25%。

本书以钾长石为研究对象，设计一条具有工业应用价值的从钾长石中提取硅、铝、钾、钠制备超细二氧化硅、高纯氢氧化铝、紧缺硫酸钾和硫化钠的工艺。整个过程无废渣、废气、废渣的排放，实现了对钾长石的高附加值绿色化综合利用。

参 考 文 献

[1] 张卫峰，汤云川，张四代，等. 全球粮食危机中化肥产业面临的问题与对策 [J]. 现代化工，2008，28 (7)：1-7.

[2] 赵小蓉，林启美. 微生物研究进展 [J]. 土壤肥料，2001 (3)：7-11.

[3] 王改兰，段建南. 土壤矿物钾活化途径 [J]. 土壤通报，2004，35 (6)：802-805.

[4] 薛泉宏，张宏娟，蔡艳，等. 钾细菌对江西酸性土壤养分活化作用研究 [J]. 西北农林科技大学学报，2002，30 (1)：38-42.

[5] 孙克君，赵冰，卢其明，等. 活化磷肥的磷素释放特性、肥效及活化机理研究 [J]. 中国农业科学，2007 (8)：1722-1729.

[6] 崔建宇，王敬国，张福锁. 肥田萝卜、油菜对金云母中矿物钾的活化与利用 [J]. 植物营养与肥料学报，1999，5 (4)：328-334.

[7] 代明，谭天水，廖宗文. 活化磷肥在水稻上的肥效研究 [J]. 磷肥与复肥，2010，25 (5)：83-84.

[8] Meena V S, Maurya B R, Verma J P. Does a rhizospheric microorganism enhance K⁺ availability in agricultural soils [J]. Microbiological Research, 2014, 169 (5-6): 337-347.

[9] 曹玉江，张国权，廖宗文. 均匀设计在纳米材料促溶磷矿粉条件优化中的应用 [J]. 华南农业大学学报，2008 (3)：115-119.

[10] 崔建宇，任理，王敬国，等. 有机酸影响矿物钾释放的室内试验与数学模拟 [J]. 土壤学报，2002，39 (3)：341-350.

[11] 曹玉江，刘安勋，廖宗文，等. 纳米材料对玉米磷营养的影响初探 [J]. 生态环境，2006，15 (5)：1072-1074.

[12] 王爱民. 盐湖钾肥：坐拥资源优势内在价值极高 [J]. 证券导报，2005 (26)：72-73.

[13] 马鸿文，苏双青，刘浩，等. 中国钾资源与钾盐工业可持续发展 [J]. 地学前缘，2010，17 (1)：294-310.

[14] Manning D A C. Mineral Sources of Potassium for Plant Nutrition [J]. Sustainable Agriculture, 2011 (2): 187-203.

[15] 宋新宇，郎一环. 多途径解决我国钾盐资源紧缺的对策探讨 [J]. 地质与勘察，1998，34 (6)：10-13.

[16] 陈静. 含钾资源岩石开发利用前景预测 [J]. 化工矿产地质，2000，22 (1)：58-64.

[17] 曲均峰，赵福军，傅送保. 非水溶性钾研究现状与应用前景 [J]. 现代化工，2010，30 (6)：16-19.

[18] 蒋先军，谢德体，杨剑虹，等. 硅酸盐细菌对矿粉和土壤的解钾强度及来源研究 [J]. 西南农业大学学报，1999，21 (5)：473-476.

[19] 于晓东，王斌，连宾. 以含钾岩石为原料制作的发酵有机肥对苋菜生长的影响 [J]. 中国土壤与肥料，2011 (2)：61-64.

[20] 刘荃. 钾长石制备含钾复合肥工艺研究 [D]. 合肥：合肥工业大学，2008.

[21] 朱良友. 钾长石粉提纯工艺研究 [J]. 非金属矿，2009，32 (z1)：21-22.

[22] 王万金，白志民，马鸿文. 利用不溶性钾矿提钾的研究现状及展望 [J]. 地质科技情报，1996 (3)：59-63.

[23] 林耀庭. 关于钾盐资源问题的思考 [J]. 中国地质，1998 (9)：43-45.

[24] Dasgupta A. Fertilizer and cement from Indian orthoclase [J]. Indian Journal Technyolog, 1975, 13 (8)：359-361.

[25] Talbot C J, Farhadi R, Aftabi P. Potash in salt extruded at Sar Pohldiapir, Southern Iran [J]. Ore Geology Reviews, 2009, 35 (3-4)：352-366.

[26] Swapan K D, Kausik D. Differences in densification behaviour of K- and Na- feldspar-containing porcelain bodies [J]. Thermochimica Acta, 2003, 406 (1-2)：199-206.

[27] Ciceri D, Manning D A C, Allanore A. Historical and technical developments of potassium resources [J]. Science of the Total Environment, 2015, 502 (1)：590-601.

[28] 郑绵平，项仁杰，葛振华. 我国钾、镁、锂、硼矿产资源的可持续发展 [J]. 国土资源情报，2004 (3)：27-32.

[29] 陈廷臻. 不溶性钾矿制造钾肥的现状与前景 [J]. 河南地质情报，1994 (4)：13-16.

[30] 王弭力，刘成林. 罗布泊盐湖钾盐资源 [M]. 北京：地质出版社，2001：47- 67.

[31] 胡波，韩效钊，肖正辉，等. 我国钾长石矿产资源分布、开发利用、问题与对策[J]. 化工矿产地质，2005, 27 (1)：25-32.

[32] 姬海鹏，徐锦明. 利用钾长石提钾的研究进展 [J]. 现代化工，2011, 31 (z1)：30-33.

[33] Bulatovic S M. Handbook of Flotation Reagents：Chemistry [M]. Theory and Practice, 2015：153-162.

[34] Crundwell F K. The mechanism of dissolution of the feldspars：Part I. Dissolution at conditions far from equilibrium [J]. Hydrometallurgy, 2015 (151)：151-162.

[35] Gaied M E, Gallala W. Beneficiation of feldspar ore for application in the ceramic industry：Influence of composition on the physical characteristics [J]. Arabian Journal of Chemistry, 2015, 8 (2)：186-190.

[36] Crundwell F K. The mechanism of dissolution of the feldspars：Part II dissolution at conditions close to equilibrium [J]. Hydrometallurgy, 2015 (151)：163-171.

[37] Kamseu E, Bakop T, Djangang C, Malo U C, Hanuskova M, Leonelli C. Porcelain stoneware with pegmatite and nepheline syenite solid solutions：Pore size distribution and descriptive microstructure [J]. Journal of the European Ceramic Society, 2013, 33 (13-14)：2775-2784.

[38] Liu Y J, Peng H Q, Hu M Z. Removing iron by magnetic separation from a potash feldspar ore [J]. Journal of Wuhan University of Technology Materials Science, 2013, 28 (2)：362-366.

[39] Lavinia D F, Pier P L, Giovanna V. Characterization of alteration hases on Potash-Lime-Silica glass [J]. Corrosion Science, 2014, 80：434-441.

[40] Hynek S A, Brown F H, Fernandez D P. A rapid method for hand picking potassium-rich feldspar from silicic tephra [J]. Quaternary Geochronology, 2011, 6 (2)：285-288.

[41] 吕一波. 钾长石深加工及综合利用 [J]. 中国非金属矿业导刊，2001 (4)：23-25.

[42] 申军. 钾长石综合利用综述 [J]. 化工矿物与加工，2000 (10)：1-3.

[43] 姚卫棠，韩效钊，胡波，等．论钾长石的研究现状及开发前景 [J]．化工矿质，2002，9
　　　(3)：151-156.

[44] 王渭清，潘磊，李龙涛，仇新迪．钾长石资源综合利用研究现状及建议 [J]．中国矿
　　　业，2012，21 (10)：53-57.

[45] 薛彦辉，张桂斋，胡满霞．钾长石综合开发利用新方法 [J]．非金属矿，2005，28
　　　(4)：48-50.

[46] 王励生，金作美，邱龙会．利用雅安地区钾长石制硫酸钾 [J]．磷肥与复肥，2000，15
　　　(3)：7-10.

[47] 乔繁盛．我国利用钾长石的研究现状及建议 [J]．湿法冶金，1998 (2)：22-28.

[48] 陶红，马鸿文，廖立兵．钾长石制取钾肥的研究进展及前景 [J]．矿产综合利用，1998
　　　(1)：28-32.

[49] 刘文秋．从钾长石中提取钾的研究 [J]．长春师范学院学报，2007，26 (1)：52-55.

[50] Yuan B, Li C, Liang B, et al. Extraction of potassium from K-feldspar via the $CaCl_2$ calination
　　　route [J]. Chinese Journal of Chemical Engineering, 2015, 23 (9): 1557-1564.

[51] 胡天喜，于建国．$CaCl_2$-NaCl 混合助剂分解钾长石提取钾的实验研究 [J]．过程工程学
　　　报 2010，10 (4)：701-705.

[52] 彭清静，邹晓勇，黄诚．氯化钠熔浸钾长石提钾过程 [J]．过程工程学报，2002，2
　　　(2)：146-150.

[53] 韩效钊，胡波，陆亚玲，等．钾长石与氯化钠离子交换动力学 [J]．化工学报，2006，
　　　57 (9)：2201-2205.

[54] 韩效钊，姚卫棠，胡波，等．离子交换法从钾长石提钾 [J]．应用化学，2003，20
　　　(4)：373-375.

[55] 彭清静，彭良斌，邹晓勇，等．氯化钙熔浸钾长石提钾过程的研究 [J]．高校化学工程
　　　学报，2003，17 (2)：185-189.

[56] 赵立刚，彭清静，黄诚，等．氯化钠熔盐浸取法从钾长石中提钾 [J]．吉首大学学报，
　　　1997，18 (3)：55-57.

[57] 王忠兵，程常占，王广志，等．钾长石-NaOH 体系水热法提钾工艺研究 [J]．IM & P 化
　　　工矿物与加工，2010 (5)：6-7.

[58] 程辉，董自斌，李学字．低温水相碱溶分解钾长石工艺的优化 [J]．IM & P 化工矿物与
　　　加工，2011，40 (10)：7-8.

[59] Su S Q, Ma H W, Chuan X Y. Hydrothermal decomposition of K-feldspar in KOH-NaOH-H_2O
　　　medium [J]. Hydrometallurgy, 2015, 156: 47-52

[60] Nie T M, Ma H W, Liu H, Zhang P, Qiu M Y, Wang L. Reactive mechanism of potassium
　　　feldspar dissolution under hydrothermal condition [J]. Journal of the Chinese Ceramic Society,
　　　2006, 34 (7): 846-850.

[61] Xu J C, Ma H W, Yang J. Preparation of β-wollastonite glass-ceramics from potassium feldspar
　　　tailings [J]. Journal of the Chinese Ceramic Society, 2003 (2): 121-140.

[62] Kausik D, Sukhen D, Swapan K D. Effect of substitution of fly ash for quartz in triaxial kaolin-

quartz-feldspar system ［J］. Journal of the European Ceramic Society, 2004, 24 （10-11）: 3169.

［63］ Ma X, Yang J, Ma H W, et al. Hydrothermal extraction of potassium from potassic quartz syenite and preparation of aluminum hydroxide ［J］. International Journal of Mineral Processing, 2016, 147 （10）: 10-17.

［64］ 赵恒勤, 胡宠杰, 马化龙, 等. 钾长石的高压水化法浸出 ［J］. 中国锰业, 2002, 20 （1）: 27-29.

［65］ 蓝计香, 颜涌捷. 钾长石中钾的加压浸取方法 ［J］. 高技术通讯, 1994 （8）: 26-28.

［66］ 陈定盛, 石林, 汪碧容, 耿曼. 焙烧钾长石制硫酸钾的实验研究 ［J］. 化肥工业, 2006, 33 （6）: 20-23.

［67］ Jena S K, Dhawan N, Rao D S, et al. Studies on extraction of potassium values from nepheline syenite ［J］. International Journal of Mineral Processing, 2014, 133 （10）: 13-22.

［68］ Feng W W, Ma H W. Thermodynamic analysis and experiments of thermal decomposition for potassium feldspar at intermediate temperatures ［J］. Journal of the Chinese Ceramic Society, 2004, 32 （7）: 789-799.

［69］ Gallala W, Gaied M E. Sintering behavior of feldspar and influence of electric charge effects ［J］. International Journal of Minerals, Metallurgy, and Materials, 2011, 18 （2）: 132-137.

［70］ Ezequiel C S, Enrique T M, Cesar D, Fumio S. Effects of grinding of the feldspar in the sintering using a planetary ball mill ［J］. Journal of Materials Processing Technology, 2004, 152 （3）: 284-290.

［71］ Jena S K, Dhawan N, Rath S S, et al. Investigation of microwave roasting for potash extraction from nepheline syenite ［J］. Separation and Purification Technology, 2016, 161 （17）: 104-111.

［72］ Shangguan W J, Song J M, Yue H R, et al. An efficient milling-assisted technology for K-feldspar processing, industrial waste treatment and CO_2 mineralization ［J］. Chemical Engineering Journal, 2016, 292 （15）: 255-263.

［73］ 邱龙会, 王励生, 金作美. 钾长石热分解生成硫酸钾的实验研究 ［J］. 化肥工业, 2000, 27 （3）: 19-21.

［74］ 戚龙水, 马鸿文, 苗世顶. 碳酸钾助熔焙烧分解钾长石热力学实验研究 ［J］. 中国矿业, 2004, 13 （1）: 73-75.

［75］ 韩效钊, 金国清, 许民才, 等. 钾长石烧结法制钾肥时共烧结添加剂研究 ［J］. 非金属矿, 1997, 9 （5）: 27-28.

［76］ 马鸿文. 一种新型钾矿资源的物相分析及提取碳酸钾的实验研究 ［J］. 中国科学: D 辑, 2005, 35 （5）: 420-427.

［77］ 苏双青, 马鸿文, 谭丹君. 钾长石热分解反应的热力学分析与实验研究 ［J］. 矿物岩石地球化学通报, 2007, 26 （z1）: 205-208.

［78］ Xu H, Jannie S J D. The effect of alkali metals on the formation of geopolymeric gels from alkali-feldspars ［J］. Colloids and Surfaces A: Physicochemical and Engineering Aspects, 2003,

参考文献　·127·

216（1-3）：27-44.

[79] Zhang Y, Qu C, Wu J Q, et al. Synthesis of leucite from potash feldspar [J]. Journal of Wuhan University of Technology Materials Science, 2008, 23（4）：452-455.

[80] 耿曼, 陈定盛, 石林. 钾长石-$CaSO_4$-$CaCO_3$体系的热分解生产复合肥 [J]. 化肥工业, 2010, 37（2）：29-32.

[81] 汪碧容, 石林. 钾长石-硫酸钙-碳酸钙体系的热分解过程分析 [J]. 化工矿物与加工, 2011, 40（3）：12-15.

[82] 陈定盛, 石林. 钾长石-硫酸钙-碳酸钙体系的热分解过程动力学研究 [J]. 化肥工业, 2009, 36（2）：27-30.

[83] 黄珂, 王光龙. 钾长石低温提钾工艺的机理探讨 [J]. 化学工程, 2012, 40（5）：57-60.

[84] 孟小伟, 王光龙. 钾长石湿法提钾工艺研究 [J]. 无机盐工业, 2011, 43（3）：34-35.

[85] 邱龙会, 王励生, 金作美. 钾长石-石膏-碳酸钙热分解过程动力学实验研究 [J]. 高校化学工程学报, 2000, 14（3）：258-263.

[86] 石林, 曾小平, 柯亮. 利用干法半干法烟气脱硫灰热分解钾长石的实验研究 [J]. 环境工程学报, 2008, 2（4）：517-521.

[87] 柯亮, 石林, 耿曼. 脱硫灰渣与钾长石混合焙烧制钾复合肥的研究 [J]. 化工矿物与加工, 2007, 36（7）：17-20.

[88] Gan Z X, Cui Z, Yue H R, et al. An Efficient methodology for utilization of K-feldspar and phosphogypsum with reduced energy consumption and CO_2 emissions [J]. Chinese Journal of Chemical Engineering, 2016, 24（11）：1541-1551.

[89] 郑代颖, 夏举佩. 磷石膏和钾长石制硫酸钾的试验研究 [J]. 硫磷设计与粉体工程, 2012（5）：1-7.

[90] 古映莹, 苏莎, 莫红兵, 等. 钾长石活化焙烧-酸浸新工艺的研究 [J]. 矿产综合利用, 2012（1）：36-39.

[91] 孟小伟, 王光龙. 钾长石提钾工艺研究 [J]. 化工矿物与加工, 2010, 39（12）：22-24.

[92] 薛燕辉, 周广柱, 张桂. 钾长石-萤石-硫酸体系中分解钾长石的探讨 [J]. 化学与生物工程, 2004（2）：25-27.

[93] 张雪梅, 姚日生, 邓胜松. 不同添加剂对钾长石晶体结构及钾熔出率的影响研究 [J]. 非金属矿, 2001, 24（6）：13-15.

[94] 郭德月, 韩效钊, 王忠兵, 等. 钾长石-磷矿-盐酸反应体系实验研究 [J]. 磷肥与复肥, 2009, 24（6）：14-16.

[95] 韩效钊, 胡波, 肖正辉, 等. 钾长石与磷矿共酸浸提钾过程实验研究 [J]. 化工矿物与加工, 2005, 34（9）：1-3.

[96] 韩效钊, 姚卫棠, 胡波, 等. 封闭恒温法由磷矿磷酸与钾长石反应提钾机理探讨 [J]. 中国矿业, 2003（5）：56-58.

[97] 彭清静. 用硫-氟混酸从钾长石中提钾的研究 [J]. 吉首大学学报, 1996, 17（2）：62-65.

[98] 丁喻. 常压低温分解钾长石制钾肥新工艺 [J]. 湖南化工, 1996, 26 (4): 3-4.

[99] 薛彦辉, 杨静. 钾长石低温烧结法制钾肥 [J]. 非金属矿, 2000, 23 (1): 19-21.

[100] 黄理承, 韩效钊, 陆亚玲, 等. 硫酸分解钾长石的探讨 [J]. 安徽化工, 2011, 37 (1): 37-39.

[101] 兰方青, 旷戈. 钾长石-萤石-硫酸-氟硅酸体系提钾工艺研究 [J]. 化工生产与技术, 2011, 18 (1): 19-21.

[102] 郑大中. 用绿豆岩制钾肥及其综合利用浅析兼论含钾磷岩石开发利用的可行性[J]. 四川化工与腐蚀控制, 1998 (1): 4-9.

[103] 李素英, 钱海燕. 白炭黑的制备与应用现状 [J]. 无机盐工业, 2008, 40 (1): 8-10.

[104] 谭鑫, 钟宏. 白炭黑的制备研究进展 [J]. 化工技术与开发, 2010, 39 (7): 25-29.

[105] 王君, 李芬, 吉小利, 等. 白炭黑制备及其表面改性研究 [J]. 非金属矿, 2004, 27 (2): 38-40.

[106] 邵强, 郭轶琼, 朱春雨. 中国沉淀法白炭黑产业发展现状及展望 [J]. 无机盐工业, 2020, 52 (7): 8-11.

[107] 陆杰芬. 冷浸-氟硅酸钾法测定矿石中的二氧化硅 [J]. 矿产与地质, 2002, 16 (5): 316-317.

[108] 王宝君, 张培萍, 李书法, 等. 白炭黑的应用与制备方法 [J]. 世界地质, 2006, 25 (1): 100-105.

[109] 武灵杰, 潘守华, 齐雪琴, 等. 白炭黑生产工艺现状及发展前景 [J]. 科技情报开发及经济, 2003, 13 (7): 97-98.

[110] 周良玉, 尹荔松. 白炭黑的制备、表面改性及应用研究进展 [J]. 材料学导报, 2003, 17 (11): 56-59.

[111] 赵光磊. 超重力硫酸沉淀法白炭黑的连续化生产研究 [D]. 北京: 北京化工大学, 2009.

[112] 刘海弟, 贾宏, 郭奋, 等. 超重力反应法制备白炭黑的研究 [J]. 无机盐工业, 2003, 3 (51): 13-15.

[113] 宁延生. 我国沉淀二氧化硅生产技术 [J]. 无机盐工业, 1999 (2): 26-27.

[114] 熊剑. 沉淀白炭黑的生成机理 [J]. 江西化工, 2004 (2): 31-33.

[115] 樊俊秀. 碳化法生产白炭黑的工程分析 [J]. 无机盐工业, 1986 (2): 12-15.

[116] 李素英, 钱海燕, 叶旭初. 液相沉淀法制备超细白炭黑的改性研究 [J]. 材料导报, 2007, 21 (7): 269-271.

[117] 杨本意, 段先健, 李仕华, 等. 气相法白炭黑的应用技术 [J]. 有机硅材料, 2003, 17 (4): 28-32.

[118] 卢新宇, 仇普文. 气相法白炭黑的生产、应用及市场分析 [J]. 氯碱工业, 2002, 4 (4): 1-4.

[119] 张桂华, 王玉瑛. 国内外气相法白炭黑的生产及市场分析 [J]. 无机盐工业, 2004, 36 (5): 11-13.

[120] 李远志, 罗光富, 杨昌英, 等. 利用磷肥厂副产四氟化硅进一步直接生产纳米二氧化

硅［J］. 三峡大学学报，2002，2（45）：474-476.

［121］年锡刚，方彬，冀宏伟. 气相法白炭黑的生产与应用［J］. 科技成果纵横，2003（4）：48.

［122］赵宜新，杨海昆. 气相法白炭黑产业现状及市场需求［J］. 上海化工，2001（10）：19-22.

［123］Tang Q，Wang T. Preparation of silica aerogel from rice hull ash by supercritical carbon dioxide drying［J］. The Journal of Supercritical Fluids，2005，35（1）：91-94.

［124］Esparza J M，Ojeda M L，Campero A，et al. Development and sorption characterization of some model mesoporous and microporous silica adsorbents［J］. Journal of Molecular Catalysis A：Chemical，2005，228（1-2）：97-110.

［125］Kalkan E，Akbulut S. The positive effects of silica fume on the permeability，swelling pressure and compressive strength of natural clay liner［J］. Engineering Geology，2004（73）：145-156.

［126］Mu W N，Zhai Y C. Desiliconization kinetics of nickeliferous laterite ores in molten sodium hydroxide system［J］. Transactions of Nonferrous Metals Society of China，2010（20）：330-335.

［127］Wang R C，Zhai Y C，Ning Z Q，Ma P H. Kinetics of SiO_2 leaching from Al_2O_3 extracted slag of fly ash with sodium hydroxide solution［J］. Transactions of Nonferrous Metals Society of China，2014（24）：1928-1936.

［128］Mu W N，Zhai Y C，Liu Y. Extraction of silicon from laterite-nickel ore by molten alkali［J］. The Chinese Journal of Nonferrous Metals，2009，19（3）：330-335.

［129］田清，方明，张琪，等. 白炭黑表面改性的方法及研究进展［J］. 橡塑技术与装备，2020，46（14）：13-16.

［130］王艳玲，王佼. 白炭黑表面改性的研究现状［J］. 中国非金属矿工业导刊，2006，29（5）：12-14.

［131］中华人民共和国工业和信息化部. HG/T 3061—2009 橡胶配合剂沉淀水合二氧化硅［S］. 北京：化学工业出版社，2010.

［132］白峰，马洪文，章西焕. 利用钾长石粉水热合成13X沸石分子筛的实验研究［J］. 矿物岩石地球化学通报，2004，23（1）：10-14.

［133］王元龙，邢慧. 新疆阿尔泰钾长石矿物学特征及开发利用［J］. 矿产与地质，1997，4（2）：119-124.

［134］云泽拥，宁延生，朱春雨，等. 影响白炭黑产品稳定性的控制因素分析［J］. 无机盐工艺，2005，37（8）：30-41.

［135］崔萍萍，黄肇敏，周素莲. 我国铝土矿资源综述［J］. 轻金属，2008（2）：7.

［136］侯炳毅. 氧化铝生产方法简介［J］. 金属世界，2004，1：12-15.

［137］刘中凡，杜雅君. 我国铝土资源综合分析［J］. 轻金属，2000（12）：8-12.

［138］范正林，马苗卉. 我国铝土资源可持续开发的对策建议［J］. 国土资源，2009（11）：54-56.

[139] 顾松青. 我国的铝土资源和高效低耗的氧化铝生产技术 [J]. 中国有色金属学报，2004 (14)：91-97.

[140] 张伦和. 合理开发利用资源实现可持续发展 [J]. 中国有色金属，2009 (5)：25-29.

[141] 杨重愚. 轻金属冶金学 [M]. 北京：冶金工业出版社，2004：3-14.

[142] 罗建川. 基于铝土资源全球化的我国工业发展战略研究 [D]. 湖南：中南大学，2006.

[143] 杨重愚. 氧化铝生产工艺学 [M]. 北京：冶金工业出版社，1993：5-22.

[144] 杨纪倩. 我国铝土矿与氧化铝生产的现状与讨论 [J]. 世界有色金属，2006 (11)：17-20.

[145] 黄彦林，赵军伟. 我国三水铝土矿资源的综合利用研究 [J]. 中国矿业，2000，9 (5)：39-41.

[146] 牟文宁，翟玉春，石双志. 硫酸浸出法提取铝土矿中氧化铝研究 [J]. 矿产综合利用，2008，3：19-20.

[147] 崔益顺，梁玉祥，角兴敏. 铝土矿制备硫酸铝的初步研究 [J]. 四川化工与腐蚀控制，2000，6 (3)：14-18.

[148] 童秋桃，朱高远，肖奇. 铝土矿选矿尾矿酸法提铝除铁实验研究 [J]. 湖南有色金属，2012，28 (1)：21-24.

[149] 韩效钊，徐超. 高岭土酸溶法制备硫酸铝和铵明矾的研究 [J]. 非金属矿，2002，25 (5)：265-271.

[150] 方正东，汪敦佳. 铝土矿加压法生产硫酸铝的工艺研究 [J]. 矿物学报，2004，24 (3)：257-260.

[151] 康文通，李小云，李建军，等. 以铝灰为原料生产硫酸铝新工艺 [J]. 四川化工与腐蚀控制，2000，5 (3)：17-18.

[152] Li X B, Li W J, Liu G H, et al. An activity coefficients calculation model for NaAl(OH)$_4$-NaOH - H$_2$O system [J]. Transaction of Nonferrous Metals Society of China, 2005, 15 (4)：908-912.

[153] Paramguru R K, Rath P C, Misra V N. Trends in red mud utilization a review [J]. Mineral Processing and Extractive Metallurgy Review, 2004, 26 (1)：1-29.

[154] Cengeloglu Y, Kir E, Ersoz M. Recovery and concentration of Al (Ⅲ), Fe (Ⅲ), Ti (Ⅳ), and Na (Ⅰ) from red mud [J]. Journal of Colloid and Interface Science, 2001, 244 (2)：342-346.

[155] Jones A J, Dye S, Swash P M, et al. A method to concentrate boehmite in bauxite by dissolution of gibbsite and iron oxides [J]. Hydrometallurgy, 2009, 97：80-85.

[156] Sayan E, Bayramoglu M. Statistical modelling of sulphuric acid leaching of TiO$_2$, Fe$_2$O$_3$ and Al$_2$O$_3$ from red mud [J]. Process Safety and Environmental Protection, 2001, 79 (B5)：291-296.

[157] Chen Z C, Duncan S, Chamwla K K, et al. Characterization of interfacial reaction products in alumina fiber/barium zircon ate costing/alumina matrix composite [J]. Materials Characterization, 2002 (48)：305-314.

[158] 李昊.中国铝土矿资源产业可持续发展研究 [D].北京:中国地质大学,2010.

[159] 史金东,刘义伦.我国氧化铝工业可持续发展问题的思考 [J].轻金属,2006 (11):3-7.

[160] 郑继明,李思佳,耿继业,等.用冶金级氢氧化铝制备高纯氢氧化铝及氧化铝 [J].湿法冶金,2020,39 (2):128-133.

[161] 宋顿.快速滴定硅酸钠溶液中二氧化硅方法的改进 [J].化学工程与装备,2010 (8):180-181.

[162] 张忆,操应军,樊新华,裴亚利.硅酸钠含量快速测定方法 [J].化学工程与装备,2012 (4):128-131.

[163] 商艳芬.硅酸钠分析方法的改进 [J].河北化工,2010,33 (6):62-63.

[164] 杜利成.容量分析法测定硅酸钠 [J].四川轻化工学院学报,2001,14 (1):21-23.

[165] 苏小莉,左国强,蔡天聪.硅酸钠模数测定方法的探究 [J].广州化工,2011,39 (1):110-111.

[166] 国家标准化主管机构.GB/T 4209—2008 工业硅酸钠 [S].北京:中国标准出版社,2008.

[167] 北京矿冶研究总院测试研究所.有色冶金分析手册 [M].北京:冶金工业出版社,2004:204-257.

[168] 常发现.轻金属冶金分析 [M].北京:冶金工业出版社,1990:43-62.

[169] 中华人民共和国国家质量监督检验检疫总局,中国国家标准化管理委员会.GB/T 3049—2006:工业用化工产品铁含量测定的通用方法邻菲罗啉分光光度法 [S].北京:中国标准出版社.

[170] GB/T 20406—2006 农业用硫酸钾 [S].北京:中国标准出版社,2006.

[171] GB/T 10500—2009 工业用硫化钠 [S].北京:中国标准出版社,2009.

[172] Mu W N, Zhai Y C, Liu Y. Extraction of silicon from laterite-nickel ore by molten alkali [J]. The Chinese Journal of Nonferrous Metals, 2009, 19 (3): 330-335.

[173] Wang R C, Zhai Y C, Ning Z Q, et al. Kinetics of SiO_2 leaching from Al_2O_3 extracted slag of fly ash with sodium hydroxide solution [J]. Transactions of Nonferrous Metals Society of China, 2014 (24): 1928-1936.

[174] Mu W N, Zhai Y C. Desiliconization kinetics of nickeliferous laterite ores in molten sodium hydroxide system [J]. Transactions of Nonferrous Metals Society of China, 2010 (20): 330-335.

[175] 马荣骏.湿法冶金原理 [M].北京:冶金工业出版社,2007:421-426.

[176] 梁连科.冶金热力学及动力学 [M].沈阳:东北工学院出版社,1990:231-262.

[177] 韩其勇.冶金过程动力学 [M].北京:冶金工业出版社,1983:50-57.

[178] 许越.化学反应动力学 [M].北京:化学工业出版社,2005:42-45.

[179] 莫鼎成.冶金动力学 [M].长沙:中南工业大学出版社,1987:279-341.

[180] 刘光启,马连湘,刘杰.化学化工物性数据手册(无机卷)[M].北京:化学工业出版社,2002:409-423.

[181] 李洪桂.湿法冶金学 [M].长沙:中南大学出版社,2002:71-98.

[182] 华一新. 冶金过程动力学导论 [M]. 北京：冶金工业出版社，2004：129-331.

[183] 孙康. 宏观反应动力学及其解析方法 [M]. 北京：冶金工业出版社，1998：121-219.

[184] 田彦文，翟秀静，刘奎仁. 冶金物理化学简明教程 [M]. 北京：化学工业出版社，2007：257-291.

[185] 李洪桂. 冶金原理 [M]. 北京：科学出版社，2005：291-322.

[186] Reddy B R, Mishra S K, Banerjee G N. Kinetics of leaching of a gibbsitic bauxite with hydrochloric acid [J]. Hydrometallurgy, 1999, 51: 131-138.

[187] Mu W N, Zhai Y C, Liu Y. Leaching of magnesium from desiliconization slag of nickel laterite ores by carbonation process [J]. Transactions of Nonferrous Metals Society of China, 2010, 20: 87-91.

[188] Mine O, Halil C S. Extraction kinetics of alunite in sulfuric acid and hydrochloric acid [J]. Hydrometallurgy, 2005, 76: 217-224.

[189] Abdel-Aal E A, Rashad M M. Kinetic study on the leaching of spent nickel oxide catalyst with sulfuric acid [J]. Hydrometallurgy, 2004, 74: 189-194.

[190] Sun X L, Chen B Z. Technological conditions and kinetics of leaching copper from complex copper oxide ore [J]. Journal of Central South University of Technology, 2009, 16 (6): 936-941.

[191] Alafara B. A study of dissolution kinetics of a Nigerian galena ore in hydrochloric acid [J]. Journal of Saudi Chemical Society, 2012, 16 (4): 377-386.

[192] 胡治流，潘立文，马少健. 超细重、轻质碳酸钙的生产及应用现状 [J]. 有色矿冶，2005, 25: 100-105.

[193] 金鑫，袁伟. 超细轻质碳酸钙制备 [J]. 北京化工大学学报，2000, 27 (4): 79-82.

[194] 马毅璇. 纳米碳酸钙及其应用 [J]. 涂料工业，2000 (10): 39-42.

[195] 韩秀山. 我国轻质碳酸钙的生产应用与市场现状 [J]. 化工科技市场，2004 (7): 31-33.

[196] 张良苗，冯永利，陆文聪，等. 溶胶-凝胶法制备纳米氢氧化铝溶胶 [J]. 物理化学学报，2007, 23 (5): 728-732.

[197] 李友凤，周继承，廖立民，等. 超重力碳分反应沉淀法制备分散性纳米氢氧化铝 [J]. 硅酸盐学报，2006, 34 (10): 1290-1294.

[198] Zhou Q L, Zhang L, Li C Z, et al. Novel synthesis of ultrafine hourglass-shaped aluminum hydroxide particles [J]. China Particuology, 2006, 4 (5): 254-256.

[199] 王建立，和凤枝，陈启元. 阻燃剂用超细氢氧化铝的制备、应用及展望 [J]. 中国粉体技术，2007 (1): 38-42.

[200] 付高峰，毕诗文，孙旭东. 超细高纯氧化铝制备技术 [J]. 有色矿冶，2000, 16 (1): 39-41.

[201] 马淑花，郭奋，陈建峰. 氢氧化铝的化学改性研究 [J]. 北京化工大学学报，2004, 31 (4): 19-22.

[202] 国家标准化主管机构. GB/T 4294—2010 氢氧化铝粉体 [S]. 北京：中国标准出版

社，2010.

[203] 吴建宁，蔡会武，郭红梅，等. 从含铁硫酸铝中除铁 [J]. 湿法冶金，2005，24（3）：155-158.

[204] 刘俊峰，易陈. 硫酸锌生产除铁工艺及其比较 [J]. 无机盐工业，2001，31（1）：35-36.

[205] 中华人民共和国国家质量监督检验检疫总局，中国国家标准化管理委员会. GB/T 3049-2006：工业用化工产品铁含量测定的通用方法——邻菲罗啉分光光度法 [S]. 北京：中国标准出版社.

[206] 李小斌，陈滨，周秋生，等. 铝酸钠溶液碳酸化分解过程动力学 [J]. 中国有色金属学报，2004，14（5）：848-853.

[207] 王志，杨毅宏，毕诗文，等. 铝酸钠溶液碳酸化分解过程的影响因素 [J]. 2002，54（1）：44-45.

[208] 李小斌，刘祥民，苟中入，等. 铝酸钠溶液碳酸化分解的热力学 [J]. 中国有色金属学报，2003，13（4）：1005-1010.

[209] 王建立，王庆伟，王锦，等. 铝酸钠溶液晶种分解制备超细氢氧化铝结晶机理研究 [J]. 中国稀土学报，2006，24（10）：123-128.

[210] YS/T 274-1998 氧化铝产品 [S]. 北京：中国标准出版社，1998.

[211] 夏举佩，任雪娇，阳超琴，等. 磷石膏、钾长石制备硫酸钾的新工艺初探 [J]. 硅酸盐通报，2013，32（3）：486-490.

[212] 陈勇，邵曼君，陈慧萍. 水溶液中硫酸钾晶体生长动力学 [J]. 化工学报，2003，54（2）：1766-1769.

[213] 王惠媛，许松林. 硫酸钾生产技术现状 [J]. 化肥工业，2004，32（1）：29-31.

[214] 朱世银. 反射炉生产硫化钠的工艺优化 [J]. 安徽化工，2006（4）：38-39.

[215] 周长生. 硫化钠生产工艺的研究与改进 [J]. 化学工程，2005，33（1）：75-78.

[216] 刘晓红，卢芳仪，孙日圣，等. 磷石膏制取硫酸钾的新工艺 [J]. 综合利用，2001，21（1）：29-32.

[217] 胡小云. 硫酸钾生产现状及展望 [J]. 硫酸工业，2000（5）：16-22.

[218] 邵元宏，白晓刚，马俊涛. 水硫酸钠生产过程中的热能充分利用 [J]. 盐业与化工，2013，42（8）：39-41.

[219] 李文秀，云晨，吉仁·塔布，等. 焦炉煤气还原硫酸钠制硫化钠的研究 [J]. 内蒙古工业大学学报（自然科学版），2005（2）：32-36.

[220] 刘华彦，卢晗锋，陈银飞. 氢气还原法制硫化钠低温高活性催化剂研究 [J]. 化学反应工程与工艺，2004，20（4）：376-379.

[221] 鲁晓风，谭立业. 氢气还原芒硝制硫化钠的动力学研究 [J]. 四川大学学报（自然科学版），1995，32（1）：69-73.